孩子超喜爱的科学日记

肖叶 曹思颉 / 著　杜煜 / 绘

地球转转转

以日记为引，讲地球百科
1分钟了解1个知识点

人民文学出版社 天天出版社

日记好看，科学好玩儿

国际儿童读物联盟前主席　张明舟

人类有好奇的天性，这一点在少年儿童身上体现得尤为突出：他们求知欲旺盛，感官敏锐，爱问“为什么”，对了解身边的世界具有极大热情。各类科普作品、科普场馆无疑是他们接触科学知识的窗口。其中，科普图书因内容丰富、携带方便、易于保存等优势，成为少年儿童及其家长的首选。

“孩子超喜爱的科学日记”是一套独特的为小学生编写的原创日记体科普童书，这里不仅记录了丰富有趣的日常生活，还透过“身边事”讲科学。书中的主人公是以男孩童晓童为首的三个“科学小超人”，他们从身边的生活入手，探索科学的秘密花园，为我们展开了一道道独特的风景。童晓童的“日记”记录了这些有趣的故事，也自然而然地融入了科普知识。图书内容围绕动物、植物、物理、太空、军事、环保、数学、地球、人体、化学、娱乐、交通等主题展开。每篇日记之后有“科学小贴士”环节，重点介绍日记中提到的一个知识点或是一种科学理念。每册末尾还专门为小读者讲解如何写观察日记、如何进行科学小实验等。

我在和作者交流中了解到本系列图书的所有内容都是从无到有、从有到精，慢慢打磨出来的。文字作者一方面需要掌握多学科的大量科学知识，并随时查阅最新成果，保证知识点准确；另一方

面还要考虑少年儿童的阅读喜好，构思出生动曲折的情节，并将知识点自然地融入其中。这既需要勤奋踏实的工作，也需要创意和灵感。绘画者则需要将文字内容用灵动幽默的插图表现出来，不但要抓住故事情节的关键点，让小读者看后“会心一笑”，在涉及动植物、器物等时，更要参考大量图片资料，力求精确真实。科普读物因其内容特点，尤其要求精益求精，不能出现观念的扭曲和知识点的纰漏。

“孩子超喜爱的科学日记”系列将文学和科普结合起来，以一个普通小学生的角度来讲述，让小读者产生亲切感和好奇心，拉近了他们与科学之间的距离。严谨又贴近生活的科学知识，配上生动有趣的形式、活泼幽默的语言、大气灵动的插图，能让小读者坐下来慢慢欣赏，带领他们进入科学的领地，在不知不觉间，既掌握了知识点，又萌发了对科学的持续好奇，培养起基本的科学思维方式和方法。孩子心中这颗科学的种子会慢慢生根发芽，陪伴他们走过求学、就业、生活的各个阶段，让他们对自己、对自然、对社会的认识更加透彻，应对挑战更加得心应手。这无论对小读者自己的全面发展，还是整个国家社会的进步，都有非常积极的作用。同时，也为我国的原创少儿科普图书事业贡献了自己的力量。

我从日记里看到了“日常生活的伟大之处”。原来，日常生活中很多小小的细节，都可能是经历了千百年逐渐演化而来。“孩子超喜爱的科学日记”在对日常生活的探究中，展示了科学，也揭开了历史。

她叫范小米，同学们都喜欢叫她米粒。他叫皮尔森，中文名叫高兴。我呢，我叫童晓童，同学们都叫我童童。我们三个人既是同学也是最好的朋友，还可以说是“臭味相投”吧！这是因为我们有共同的爱好。我们都有好奇心，我们都爱冒险，还有就是我们都酷爱科学。所以，同学们都叫我们“科学小超人”。

童晓童一家

童晓童 男，10岁，阳光小学四年级（1）班学生

我长得不能说帅，个子嘛也不算高，学习成绩中等，可大伙儿都说我自信心爆棚，而且是淘气包一个。沮丧、焦虑这种类型的情绪，都跟我走得不太近。大家都叫我童童。

我的爸爸是一个摄影师，他总是满世界地玩儿，顺便拍一些美得叫人不敢相信的照片登在杂志上。他喜欢拍风景，有时候也拍人。其实，我觉得他最好的作品都是把镜头对准我和妈妈的时候诞生的。

我的妈妈是一个编剧。可是她花在键盘上的时间并不多，她总是在跟朋友聊天、逛街、看书、沉思默想、照着菜谱做美食的分分秒秒中，孕育出好玩儿的故事。为了写好她的故事，妈妈不停地在家里扮演着各种各样的角色，比如侦探、法官，甚至是坏蛋。有时，我和爸爸也进入角色和她一起演。好玩儿！我喜欢。

我的爱犬琥珀得名于它那双“上不了台面”的眼睛。在有些人看来，蓝色与褐色才是古代牧羊犬眼睛最美的颜色。8岁那年，我在一个拆迁房的周围发现了它，那时它才6个月，似乎是被以前的主人遗弃了，也许正是因为它的眼睛。我从那双琥珀色的眼睛里，看到了对家的渴望。小小的我跟小小的琥珀，就这样结缘了。

范小米一家

范小米 女，10岁，阳光小学四年级（1）班学生

我是童晓童的同班同学兼邻居，大家都叫我米粒。其实，我长得又高又瘦，也挺好看。只怪爸爸妈妈给我起名字时没有用心。没事儿的时候，我喜欢养花、发呆，思绪无边无际地漫游，一会儿飞越太阳系，一会儿潜到地壳的深处。有很多好玩儿的事情在近100年之内无法实现，所以，怎么能放过想一想的乐趣呢？

我的爸爸是一个考古工作者。据我判断，爸爸每天都在历史和现实之间穿越。比如，他下午才参加了一个新发掘古墓的文物测定，晚饭桌上，我和妈妈就会听到最新鲜的干尸故事。爸爸从散碎的细节中整理出因果链，让每一个故事都那么奇异动人。爸爸很赞赏我的拾荒行动，在他看来，考古本质上也是一种拾荒。

我妈妈是天文馆的研究员。爸爸埋头挖地，她却仰望星空。我成为一个矛盾体的根源很可能就在这儿。妈妈有时举办天文知识讲座，也写一些有关天文的科普文章，最好玩儿的是制作宇宙剧场的节目。妈妈知道我好这口儿，每次有新节目试播，都会带我去尝鲜。

我的猫名叫小饭，妈妈说，它恨不得长在我的身上。无论什么时候，无论在哪儿，只要一看到我，它就一溜小跑，来到我的跟前。要是我不立马知情识趣地把它抱在怀里，它就会把我的腿当成猫爬架，直到把我绊倒为止。

皮尔森一家

皮尔森 男，11岁，阳光小学四年级（1）班学生

我是童晓童和范小米的同班同学，也是童晓童的铁哥们儿。虽然我是一个英国人，但我在中国出生，会说一口地道的普通话，也算是个中国通啦！小的时候妈妈老怕我饿着，使劲儿给我搋饭，把我养成了个小胖子。不过胖有胖的范儿，而且，我每天都乐呵呵的，所以，爷爷给我起了个中文名字叫高兴。

我爸爸是野生动物学家。从我们家常常召开“世界人种博览会”的情况来看，就知道爸爸的朋友遍天下。我和童晓童穿“兄弟装”的那两件有点儿像野人穿的衣服，就是我爸爸野外考察时带回来的。

我妈妈是外国语学院的老师，虽然才36岁，认识爸爸却有30年了。妈妈简直是个语言天才，她会6国语言，除了教课以外，她还常常兼任爸爸的翻译。

我爷爷奶奶很早就定居中国了。退休之前，爷爷是大学生物学教授。现在，他跟奶奶一起，住在一座山中别墅里，还开垦了一块荒地，过起了农夫的生活。

奶奶是一个跨界艺术家。她喜欢奇装异服，喜欢用各种颜色折腾她的头发，还喜欢在画布上把爷爷变成一个青蛙身子的老小伙儿，她说这就是她的青蛙王子。有时候，她喜欢用笔和颜料以外的材料画画。我在一幅名叫《午后》的画上，发现了一些干枯的花瓣，还有过了期的绿豆渣。

目录

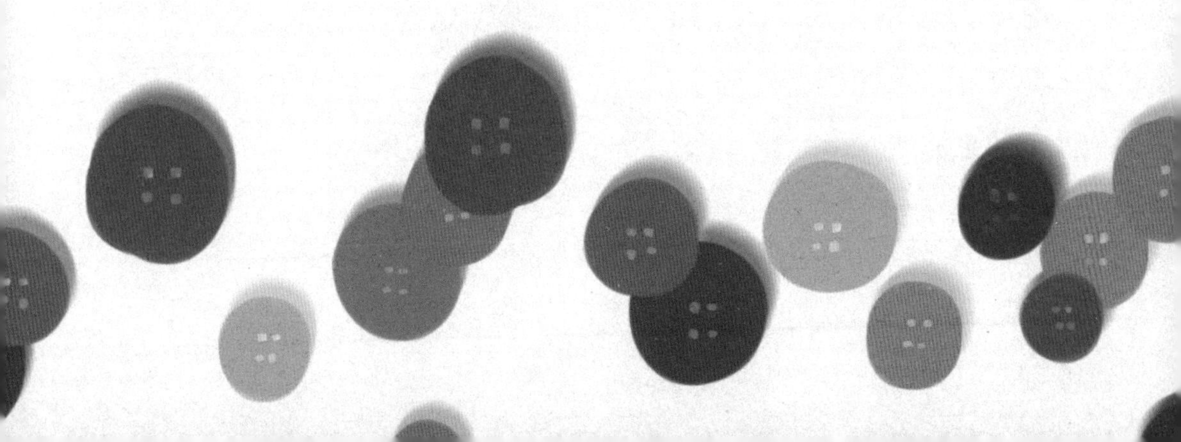

4月22日 星期日
开始做“世界性的大事”

黄昏时分，我独自一人抓着周末的尾巴出去转转。“嘿，童晓童！你知道今天是什么日子吗？！”这个声音总爱在突然之间打断我的清静，用脚指头想都知道是米粒。不过关于她的问题，我调动了全体脑细胞去搜索公历、农历、校历，也没找到答案。

米粒显然有些得意：“今天是世界地球日！”

“是地球的生日吗？那它吹蜡烛不？”

话音未落，我已从米粒略带同情的眼神中，看到了答案——我答错了。原来，“世界地球日”不是地球的生日，而是一个世界性的环保活动，目的是组织大家伙儿用行动来表达对地球的爱。而且，地球有46亿岁了，就算真要为地球过生日吹蜡烛，我想，只有出动飓风才能完成这个“神圣”的仪式吧！我不由自主地陷入了关于飓风的想象：我站在太空里，看到一个巨大的白色螺旋形，像极了蛋糕上的奶油。

米粒使劲儿拍了拍我的肩膀，把我的思绪从太空震回到拥挤的街口。我立马举起了双手，表示将以双倍的热情来迎接这

个世界性的活动！

在剔除了许多宏伟却不靠谱的想法之后，我们最终决定组成“地球之旅”小组，向地球献上这样一份礼物：“星期一多吃菜；星期二环保袋；星期三不开车；星期四自带筷；星期五不剩饭；星期六爱动物说出来；星期日走出室外放弃宅。”其实，这也是很多“绿V客”的心声！即便“世界性的大事”也要从细节做起，这跟妈妈写故事磨字眼是一个道理！

哈哈，今天我无意之中已经做到了“走出室外放弃宅”，真是一个天生的绿色分子啊！不过，米粒说，把一周

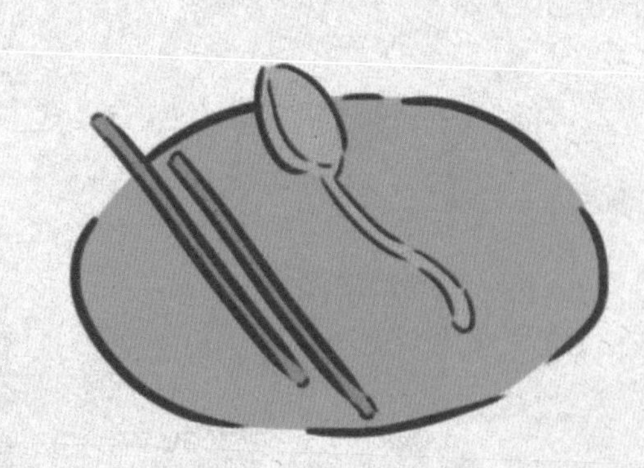

的内容全做到是很不容易的，坚持做一年更难。虽然高兴不在现场，但这并不妨碍我们高喊：“科学小超人！”对于我们来说，这就是“加油”的意思。

科学小贴士

你们知道 4 月 22 日是一个特别的日子吗?这一天是我们的“地球日”，一个专门为了保护我们美丽星球而设立的日子。“地球日”最早开始于 1970 年，发起人希望人们能通过这一活动关心地球的环境问题，保护我们共同的家园。

在这一天，世界各地的人们会一起做很多有意义的事情，比如种树、节约用水用电、清理垃圾、学习环保知识。从小事做起，一起来爱护我们的地球吧！

4月23日 星期一
“地球之旅”小组

今天是星期一，我照例和米粒一块儿去学校。没想到，“地球之旅”小组成立的第一天，就有好多志同道合的伙伴啦！瞧，街边小吃店里贴起了世界地图；幼儿园的弟弟妹妹在学习垃圾分类；高年级的同学呢，正尝试用喝完的牛奶瓶做台灯！

做牛奶台灯的同学们忙着手里的活儿，头都不抬一下。我正对他们的忙碌大惊小怪，米粒却说：“其实，地球才是最忙碌的。”“什么？”我好像没听明白。

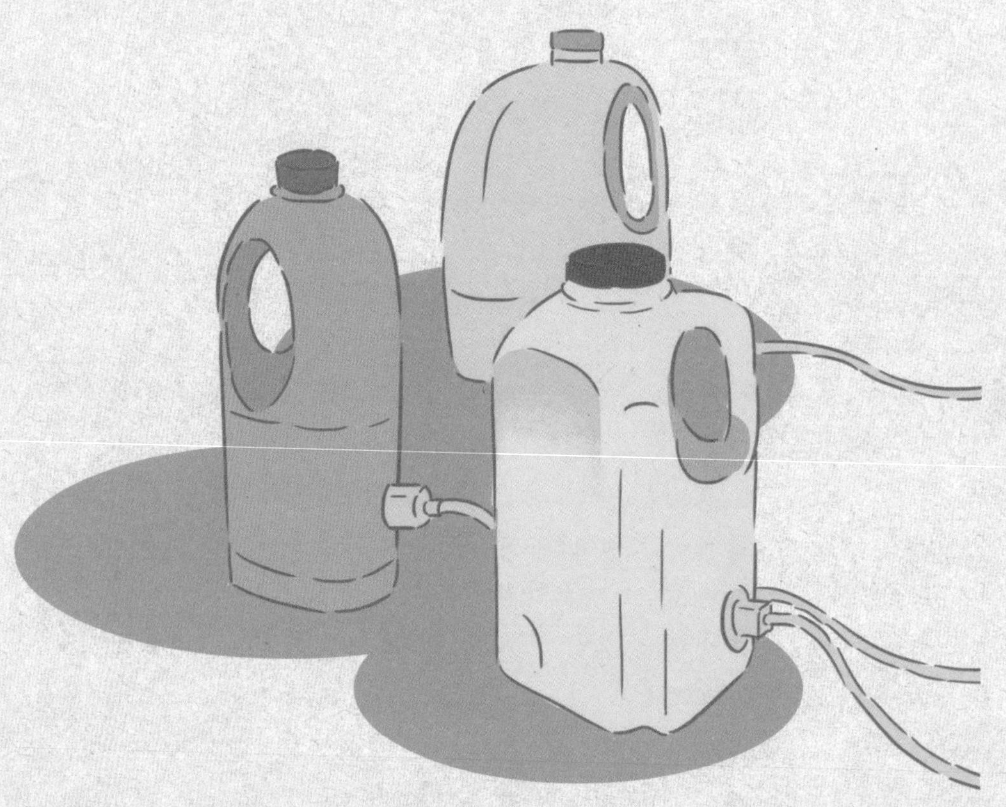

“噔噔噔噔”，高兴不知从哪儿冒了出来，而且他还准备了一个小节目。那就来吧，给新的一周热热身！

高兴这次的节目道具是水杯一个，牙签一根，不锈钢叉子两把。表演开始啦！他先将两把叉子叉齿交错开，头对头地互相叉住，就像公牛决斗那样。接着拿出牙签，找一个点，将牙签插入两把叉子“扭打”的空隙间。“不要眨眼！别看牙签身材细小，作用可举足轻重呢。试着再找到一个平衡点，将牙签放在水杯边缘，看看发生了什么？”高兴边说边做，那根小牙签一头挂着两把叉子，一头稳稳地横在水杯的边缘，纹丝不动！

地心引力好像在它身上失效了！

我和米粒激动得几乎要尖叫起来，又生怕惊动到牙签和叉子的组合，立马改成羡慕地竖起大拇指。

高兴为什么会带着小魔术突然现身？原来是他知道了“地球之旅”小组计划后，想要带着这个节目一块儿加入我们呢！但高兴也实在不够意思，无论我们如何软磨硬泡，就是不愿把节目的秘密透露出来。哼，我童晓童一定会坚持探个究竟的！

晚上坐在书桌前，我正使劲儿破解高兴那节目的秘密，“砰”，大风把窗口的花盆吹倒了。我起身一看，发现窗台水泥缝里居然有个小绿芽！天哪！我“咔嚓咔嚓”拍了两张照片，赶紧发给高兴和米粒看看——这个顽强的小绿芽真是个好兆头，我们“地球之旅”小组一定也会跟它一样，从一粒种子生根发芽，渐渐长成参天大树的！

科学小贴士

我终于知道高兴是如何“颠覆”地心引力的了——其实这是一个障眼法！在实验中，貌似牙签的这一端应该有东西和牙签另一端的叉子平衡，整个组合结构才能稳定，可牙签这端什么都没有，所以才让人感到奇怪。其实，两把叉子这样组合的重心并不在叉子身上，而是在叉子之外。用牙签挑起组合好的叉子放到水杯上时，整个组合的结构的重心就在牙签与水杯的接触点，也就是支点的正下方。此时的结构处于稳定的平衡状态。

4月27日 星期五 地球很忙很忙

这几天，我简直就是马不停蹄，真的太忙啦！白天那些期中测验、朗诵表演等等，几乎占据了我全部的精力，甚至连夜晚的美梦时间都能见到它们。

还好现在都消停了，我又可以用“太空漫步”的速度走在放学路上啦！当我跟米粒抱怨上面这些事的时候，她再次提到了那句令人费解的话：“地球才是最忙的。”

地球能忙些什么？它整天也无事可

做，晒晒太阳，看看月亮，别提多悠闲了。

鉴于米粒有较严重的悬念癖，我不停地变换称呼：范范、小米、范老师……终于，她愿意对我开展“义务教育”了：“地球的工作模式里从来没有‘调休’和‘节日’这两个选项，‘抱怨’更是不曾出现过。”

范老师解释说，地球打一出生就在忙着变化——这听上去有点儿像我一睁眼就忙着思考这天该吃啥。诞生之初，它像个大火球，到处是滚烫的岩浆，地表火山不停地喷发。慢慢火山喷累了，而喷出的岩浆变成大陆，气体变成次生大气圈。这时候它开始变得越来越安静。

这只是第一步。大陆——地壳的一部分啦，是在不断运动的。与此同时，次生大气也不断变化，逐渐生成了现在大气中的二氧化碳、氮、氩和氧等。地球在完成这些工作的同时，一边保持自转，一边也绕着太阳转，从来不觉得累，更不会头晕。相比我坐一次游乐场“大摆钟”就站不稳的情况，真应该给地球颁个大大的奖章。以上工作只有不间断地运行，我们才能过上正常的生活，也就是说，地球从未停止对大家的照顾，即使是在夜间我们休息的时刻。

我一路上都在消化范老师传授的知识，肚子早早就饿了。今天的晚饭桌上，妈妈督促着大家执行“星期五不剩饭”，爸爸摆弄着他新拍摄的大作，我呢，回味着地球辛苦的24小时工作制，心里生出了一分感动。我爱爸爸妈妈，也爱忙碌又从不抱怨的地球。

科学小贴士

地球无私地为我们服务，但贪婪的人类似乎并不知足。如今，约一半的大陆已被人类占用，成为牧场、农田、工业区和大大小小的城区。海洋中也充斥着许多我们排放的污染物，大量的淡水资源被低效率地利用。人类的过度活动已困扰到地球。它没有话语权，但那些自然灾害就是它的怒吼。我们将它改变得太快、太多，也许当事人还来不及思考这些行为到底会产生怎样的后果。现在，我希望自己能做得更好一些。作为一名小学生，就从“地球之旅”小组开始吧。

5月7日
星期一
生命存在的条件

自从听米粒讲了地球这么忙，但又从不抱怨的事以后，我就开始戴一种紫色手环，自觉参与“不抱怨运动”。只要一发现自己在抱怨，我就把手环换到另一只手。我正努力让这个手环能连续21天戴在同一只手上。

跟地球一样顽强坚忍的，还有植物的种子。不管风把种子带向何方，它们都能生长，没有怨言。比如，我家窗台外那个从水泥缝里冒出来的小绿芽，应该就是从随风飘来的种子里长出来的。不过，要是种子飘来飘去，最后着陆在水星、土星、金星之类的星球上，可就不好了。在人类目前所了解的行星中，只有地球具备孕育生命的条件，适宜的阳光、水分和空气缺一不可呢。我想鼓捣一个对比实验，看看生命存在的条件是不是真的如此苛刻，米粒推荐用罗勒的种子来试试看。

放学后，米粒在我家开始了这个实验。她掏出一把种子，说：“这就是罗勒的种子，就快夏天了，种这类耐暑的香草最合适不过。”

先准备四份同样的小容器，因为我们要安排四种生长环境来做对比。接着，取四张厨房纸巾，对折后分别铺在容器底部，用开水将其中三张浇湿。米粒提醒我，千万不能用生水，用生水种子会发霉。我们照这个建议做了，但你可以做个实验看用生水种子是不是真的会发霉。

与此同时，需要留一个放有干纸巾的容器，不要弄湿它，保持干燥，这很重要。然后就是耐心等待纸巾冷却。等待的时候，我给唯一铺着干纸巾的容器贴上标签“种子B号”，其他三个分别贴上“种子A号”“种子C号”“种子D号”。

湿纸巾吹吹风，一会儿就凉啦！接着，米粒在所有铺好的纸巾上都撒了些种子。

我呢，用四个保鲜袋，将容器一一套起来，扎紧袋口。对比实验的关键来了！将“种子 A 号”放在阴凉有光的地方，每天给袋口松开一下透透气；“种子 B 号”也是；“种子 C 号”呢，放在同样地方，但是不给它松开袋口；最后一个“种子 D 号”，放在阴暗的小角落，比如床底，但依然每天给袋口松开一下透透气。我担心地问米粒：“如果真像你所说，有三份种子没法儿发芽，那

我们的实验就是直接导致这些种子‘牺牲’的原因。可种子们是无辜的！”

“哈哈，你知道吗？挑选罗勒做实验的另一个重要原因就是，它的种子是可以吃的！没法儿发芽的种子，我们就一起吃了它，棒吧？”

好绝妙的主意！

科学小贴士

预测的实验结果为只有“种子A号”会顺利发芽，功劳要分别给容器底部的湿纸巾、空气、阳光等等。可见，生命的成长真是一个相当复杂的事。在地球所有的生命体中，有些植物具有超强的生命力。科学家曾进行过实验，把地衣带到了太空中。地衣被暴露在开放的宇宙空间生存了一段时间后，回到地球它们依然能够继续生长。

5月9日
星期三
生命是一把同花顺

“丁零丁零”，每当闹钟响起，我都忍不住想多睡一分钟。突然，一件极其重要的事让我从床上蹦了起来。“童童，你怎么裸奔啦？”妈妈大叫，她忽略了我身上的小短裤。

哈哈，真是生气勃勃的阳台！经过两个晚上，果然只有“种子A号”冒出了小小的芽！

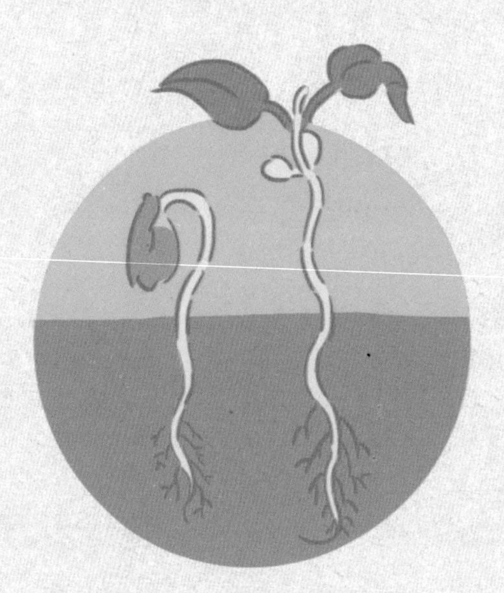

很快就可以让它去土壤里安家啦！但是其余三个种子真一点儿动静也没有。我把“种子A号”的新生告诉了米粒。上学路上，我俩买了牛奶，干杯庆祝！

不过，地球上第一颗种子是从哪里吹来的呢？爸爸虽然是摄影师，但没有时光穿梭机，他拍不到当时的景象。妈妈虽然是编剧，不过她笔下最古老的角色是距今170万年的元谋人,离地球生命的诞生应该有不小的距离。

所以，我们向高兴的爷爷提了这个问题。高兴的爷爷退休前是大学生物学教授，他的回答让我们大吃一惊。原来，我们都是“无中生有”的。一开始，因为海洋中发生了一些偶然的

化学反应，最简单的单细胞藻类就此诞生，接着在阳光、空气、水、温度等的影响下，缓慢形成了其他生命体。

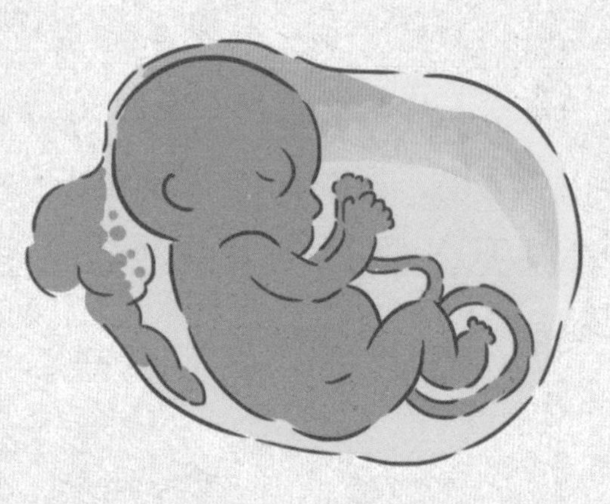

我将信将疑地说：“天哪，就是说晒晒太阳、呼吸一下空气就能出现生命了吗？！”

高兴的爷爷爽朗地笑了：“可别小看阳光、雨水和空气哦！它们巨大的合力不仅能让罗勒发芽，还能改变世界呢！”

多么神奇的生命！如果没有若干年前那个偶然，是不是就没有童晓童了？原来，我们的出现是一个概率极低的事件啊。我想到了桥牌：四个人玩，一副牌有 52 张，四花色各 13 张。假如我和米粒、高兴还有琥珀（如果它识字的话）一起打桥牌，

我拿到全部 13 张黑桃的概率是 6350 亿分之一——这个计算我请教了数学老师。我们没日没夜地打上几百年，也未必能碰到一次这种情况。

米粒总结说：“我们都是若干年前的一把黑桃同花顺呀！”

科学小贴士

地球上的生命是这样诞生的，那地球以外的生命呢？或者到底有没有地外生命？暂时还没人亲眼看见。在探测地外生命这件事上，火星一直是大家非常关注的地方。1609 年，伽利略制作出望远镜并用于观察月球，次年又开始观测火星，之后不断有科学家宣称自己坚信那红色行星上存在生命。一直到 19 世纪 80 年代，这种说法更是传遍了街头巷尾。然而真正到达火星上空并发回数据的探测是在 1965 年才实现的。直到今天，人类对地外生命的研究和探索也未停止，并仍将继续。

5 月 26 日

星期六

谁给地球取了名字

“童晓童在家吗？”一个陌生的声音把我从美梦中叫醒。开门一看，原来是快递员叔叔来给小罗勒送营养块了！我的被子在周六的时候总是很依赖我，当我正要再次与被子相聚时，又听见有人在“童童，童童！”地叫着。这次是米粒。唉，只好让被子学习独立了。

米粒还没进门，就抛给我一个大大的问题：“哎，地球为什么要叫‘地球’？”我不假思索地回答：“因为它是一个球体。”我的嘴角还没来得及得意地展开，米粒的第二个问题又来了：“你怎么证明呢？难道我们不是站在平面的土地上吗？看，马路是平坦的，大海也是平如镜面啊！”

“可是，早在500多年前，麦哲伦已经通过航海证明地球是一个非常巨大的球体，大到让我们感觉自己是站在平面上。”米粒对我的解释穷追不舍：“麦哲伦的时代科技不像现在这么发达，他环游地球才能得到答案。童晓童，你能用自己的方法证明这件事情吗？”

面对这样赤裸裸的挑战，男子汉怎么能退却。我灵光一闪，想起爸爸向我解释这件事所用的方法——这算作弊吗？

作为摄影师，爸爸除了拍摄山川河流、古迹名胜、我和妈妈外，当然也爱记录月食和夜晚的星空。有一次，爸爸拿出两张他拍摄的星空图，让我找出它们之间的最大区别，这两张图分别是在中国和澳大利亚拍的。看着这些乌漆抹黑的照片，我简直一头雾水，直到爸爸敲了敲照片上的猎户星座，我才开了窍——两张照片上的猎户星座方向是反的。爸爸说，南北半球的人看到的星座方向恰好相反。之后，爸爸又拿出他拍摄的月食照片，指着月球上的地球投影——弧形，告诉我这也能证明地球是球体。

我拿着这些照片，不紧不慢地向米粒解释起来——当然没有提及这是来自爸爸的创意。米粒似乎很满意。

但古灵精怪的米粒当然不满足于使用别人的方法，说最方

便的法子是从人造卫星上给地球拍个全身照；最考验脚力的呢，就是从小区门口往北一直走，直到再次回到出发点！好吧，在这件事上，我其实也是赞同她的。

科学小贴士

历史上，最早发现地球表面不是水平展开的可能是腓尼基人，他们居住在地中海东岸的一个地区，十分擅长航海和经商。3000 多年前，在腓尼基人出海返航靠近陆地时，他们发现，在这过程中总是会先看到山顶，然后才一点点往下看到山的全部。于是，聪明的腓尼基人便得出了地球是“弯曲”的结论。正因为他们如此伟大的发现，后来才有了“地球”这个名字。

6月9日
星期六
地球仪歪着转

周末来啦！昨天，我发现了一个大问题，那就是——“地球之旅”的三位成员居然全都没有地球仪！这可太不像话了，必须赶紧解决。男子汉守则一：言出必行，想到做到！我和高兴约了今天一大早立即行动。男子汉守则二：能去实体店购买的，坚决不网购。包裹二次包装、二次物流运送产生的废纸、废气太多了，有悖于我们小组的组训。

我和高兴开着“11路环保小车”，没多久就到了文具商店。刚一进门，就看见一排地球仪歪斜着脑袋立在商店最高的货架上。我嘟囔着:“这些地球仪跟真的地球不一样呀，它们怎么都歪着，一定是残次品。”

高兴听了哈哈大笑：“关于地球仪

和地球一不一样，你说对了一半。它们之间确实有不同，但不是歪斜，因为地球本尊就‘歪斜’。它们的不一样是关于另一件事。”

颜色？大小？年龄？爱好？我猜了好一会儿，都没踩到高兴的点上。见我如此不得要领，高兴本着求真务实的实验精神，决定现场演示一下。他向营业员阿姨借了一支削尖的铅笔、一张 A4 纸、一把裁纸刀和一瓶胶水。

接着，高兴就开始动手做实验了。他先裁出两条纸，大约是 2 厘米 ×29.7 厘米的样子。我怎么知道得如此精确？因为 A4 纸原本就是 29.7 厘米长嘛。高兴将这两条纸交叉摆成一个加号，交叉处用胶水粘在一起。纸条的两端也分别用胶水粘在一起，围成个球体（如图）。

等胶水干了，用铅笔穿透纸条球（如图）。接着，用手掌捻搓铅笔，就像玩竹蜻蜓那样，纸条球就转起来了。

高兴一边转一边说："注意了，重点来啦，看变化。"纸条球在高兴手里转得越来越快，同时，也越来越扁。我胡乱想着，要是高兴捻搓的速度能赶上电扇中挡转速的话，纸条球说不定会变成一张薄饼。

高兴继续转着手中的纸条球："像它一样，地球其实是个两极稍扁、赤道略鼓的椭圆球体，并非像地球仪一样是正球体。"

今天之前，我从没想过地球居然不是正球体。晚上到家翻书后，我才知道，一刻不停在自转的地球，旋转时产生的惯性让它两极变得扁平，赤道略鼓，成为了椭球体，赤道半径比极半径长了大约 21 千米呢。

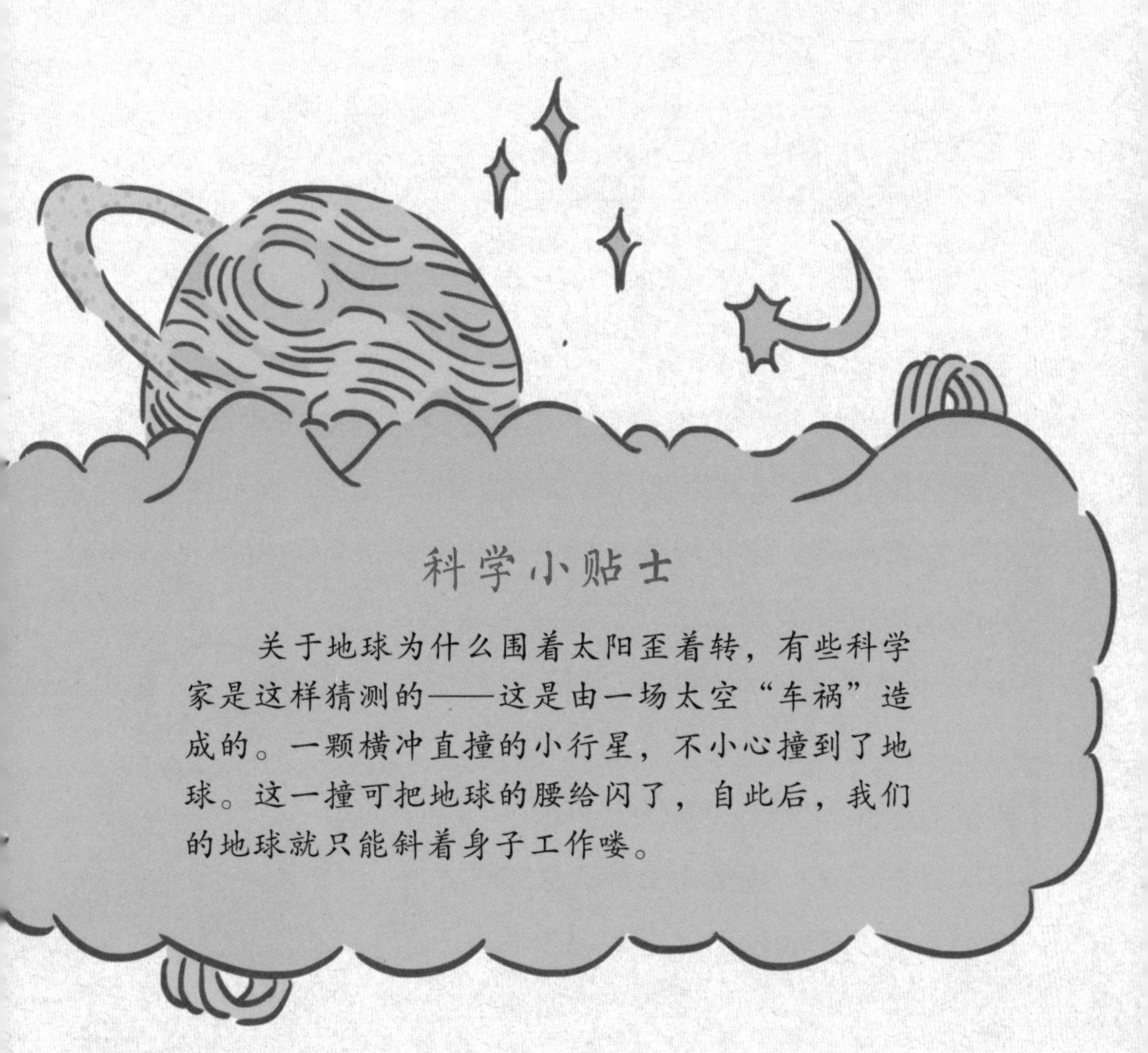

6月14日
星期四
七大洲是七巧板

地球仪已在我家驻扎了两天有余。每天晚上睡觉前，我都要用充满爱意的目光凝视它半小时，这“歪脑袋球”说不定哪天能给我们的“地球之旅”带来些灵感。

今天早晨，迷迷糊糊半睁开眼，阳光直往眼缝里钻，我看到的地球仪好像镶着金边，跟平时有些不同。慢慢地转动球体，啊呀，这不是七巧板吗！那几块代表大陆的图案边缘互相吻合，就像七巧板一样可以拼起来！这真是个惊人大发现，等不及到学校了，必须马上告诉米粒和高兴！噌的一下，我就从床

上跳了起来。

没想到，在我们的早间集合地，米粒听了我的号外以后，一脸漫不经心地细嚼慢咽着三明治说：“知道啦，知道啦！你是不是恨不得拿个大喇叭给广播一下？男孩子一点儿也不稳重。”

高兴倒是认真对待了，并且说我确实有点儿科学天赋，居然发现了“大陆漂移”，几乎赶上了德国的地球物理学家魏格纳！

什么“大陆漂移”？我压根不明白。但高兴夸我有天赋，这句话我是相当明白的。不回避任何学习上遇到的疑问，是我们的“组训”之一。趁着午休，米粒和高兴合作来了一个“大陆漂移”的经典重现，为我解惑。

为了做这个实验，高兴毫无顾忌地用“爪子”在小花园里挖土，接着将他挖出的“战果”堆到我的铁皮铅笔盒里。其实他这个方法稍显落后，我更倾向于使用挖土工具。接着，高兴往铅笔盒里倒了点儿水，搅和成泥浆。泥浆要稠些，比很浓的奶油蘑菇汤再稠一点儿。然后，我们征用了米粒的豪华铅笔盒，把那些泥浆倒了进去。有了这个大

容器，泥浆就可以薄薄地平铺在盒底了。原本在这个步骤上，得耗个两三天，因为得让泥浆在阳光下晒干。不过，米粒“摁了个快进键”，她不知道从哪儿找来个电吹风，吹干了铺平的泥浆。

高兴让我用手按铅笔盒里干了的泥浆，使劲儿地按。真有点儿莫名其妙！直到“啪嗒”一声，泥浆薄板在我的压力下裂开，他才慢悠悠地说：“这就是‘大陆漂移’。大陆最初是个整体，后来因为地球的运动，大陆就像那块泥浆薄板一样没顶住压力——裂开了。接着，海洋的威力让它们相互间漂得越来越远，就成了现在这样。”

放学路上，我捧着米粒的“泥板子铅笔盒”，再次感叹自己的科学天赋。1910 年，魏格纳在病床上很无聊，每天看地图才发现了这件事。而我呢，不用痛苦地生病卧床，居然也发现了同样的事情。是不是回到家要先感谢那“镶着金边”的地球仪呢？

科学小贴士

1910 年，魏格纳的偶然发现让他产生了“大陆漂移”的想法。1912 年，他提出了这个想法，当时非常轰动。但“假说”很快就被嘲笑声淹没了，甚至有人说这只是一个“大诗人的梦”而已。由于魏格纳没法儿用证据反驳，“大陆漂移”就只能是假说，不能成为理论。直到 20 世纪 50 年代中期至 20 世纪 60 年代，随着古地磁与地震学、宇航观测的发展，不断发现了新证据，才使得“大陆漂移”学说重获新生。

6月22日
星期五
风一样的米粒

米粒是个像风一样的人。早晨她来到我家，放下三个瓶子就走了，仅仅停留了一阵风的时间。她时不时就会这样，来去匆匆，我得费力揣测她的意图——在没有任何提示的情况下。好在她留下的三个瓶子十分靠谱，上头的标签告诉我，里面分别装着: 1 ∶ 300的洗衣粉溶液、1 ∶ 15的茶籽饼泡水和有机海藻肥。

让我来猜猜，这些应该是米粒送给植物宝宝们的小礼物。若无意外，全部是范妈妈出品的爱心环保

无毒“花粮”。根据我的判断，前两种分别是给罗勒驱赶蚜虫、蚧虫的，而有机海藻肥，则是用来给它们科学进补的。

过了一会儿，我在阳台上给那些“小朋友”喂食，突然感到背后的“一阵风”又来了——还是米粒！

她拿起我们前两天玩“大陆漂移”的铁皮铅笔盒，头也不抬地就往自己的书包里装。以我对米粒的了解和福尔摩斯一般的观察力，她这么匆匆地来来去去，肯定是先赶到公园挖青苔，再用这个肥沃的铅笔盒当作养青苔的温床。瞧，她书包里的空饮料瓶里不正装满了绿色青苔！有时候，我不得不怀疑植物才

是米粒心里永远的第一位。

也许是我把心理活动全写在脸上了，米粒突然认真地说：“植物们不会讲话，所以我们要投入更多的照料和关爱。”她还说，“‘地球便利店’虽然 24 小时为我们贴心服务，但是它严酷的另一面也不能忽视——比如风化作用。这是一种能让岩石都变成沙土的神奇‘魔法’。”我毫不客气地打断她：“这不科学，岩石变沙土是动画片里的情节，你还真信？”话音未落，米粒又不见了。

470 秒后，她和一个刷碗用的但已经生锈的钢丝球一起出现。

米粒用钢丝球在纸上使劲儿摩擦几下，纸上留下许多红色粉末。看着这些粉末，我瞬间相信了岩石也会变成沙土。

科学小贴士

米粒为什么能用生锈的钢丝球在纸上擦出红色粉末，而这又意味着什么？钢丝球含有铁元素，遇到潮湿的空气会发生氧化，那些红色粉末就是氧化的铁。自然界的一些岩石里也含有铁，那些铁元素氧化后，会变成松散的颗粒粉末。这也是一种风化作用。

7月5日 星期四
地球是个"生鸡蛋"

妈妈正做着早饭呢，我和米粒唯恐不乱地在一旁围观。米粒顺手从桌上拿起三个鸡蛋，说："童童，你猜，这三个鸡蛋，哪个是熟的哪个是生的？猜错了要吃生鸡蛋哦！"

我一下就蒙了，猜谜我是在行，但是猜生熟鸡蛋就……于是，我随手指了一个。只见米粒分别让三个鸡蛋立在桌上旋转，其中两个摇晃几下就倒下了。但是有一个，转得又快又久。米粒指着那个转得正欢快的鸡蛋说："童晓童这个瞎猫，碰上死

耗子喽——你猜对了，这个是熟的！”

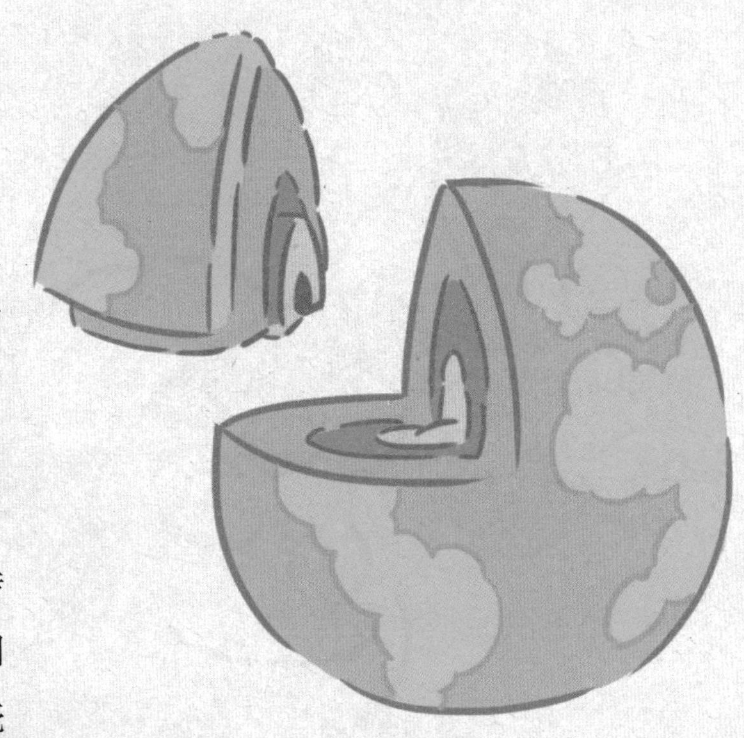

生鸡蛋熟鸡蛋最大的区别在于生鸡蛋的蛋清、蛋黄是液体，熟鸡蛋的则是固体。游戏中还有个重要角色，就是鸡蛋壳。旋转时，熟鸡蛋里的固体物质能跟着蛋壳一起转起来。而生鸡蛋呢，虽然里面的蛋液也能转起来，但没法儿跟上外头蛋壳旋转的速度，拖了后腿，所以转不了两下就停了。

听米粒解释了这些要点之后，我就一直在琢磨，生鸡蛋、熟鸡蛋……咦，地球不就相当于一个生鸡蛋吗？！

记得在报纸上看过这么一句话：“地球在摇晃着不停转动。”当时我就纳闷儿，地球怎么会摇晃着转呢？直到刚才，鸡蛋为我解密了！一定是因为地球的内部有液体。但我不敢肯定，好像也非常难证明。难不成，我派一只穿山甲深入地下打探打探？

虽然米粒试图用鸡蛋来捉弄我，我还是无私地将自己的发现跟她分享。接着，米粒告诉我一件更重要的事情：“童童，你知道吗，其实你刚才只要摸一下鸡蛋，还热的那个肯定就是熟的！”我恍然大悟：“对呀！”哈哈，后来我悄悄把那三个鸡蛋装在口袋里，一心想着怎么误导高兴，让他尝尝生鸡蛋的味道。哈，那可是十足的重口味！

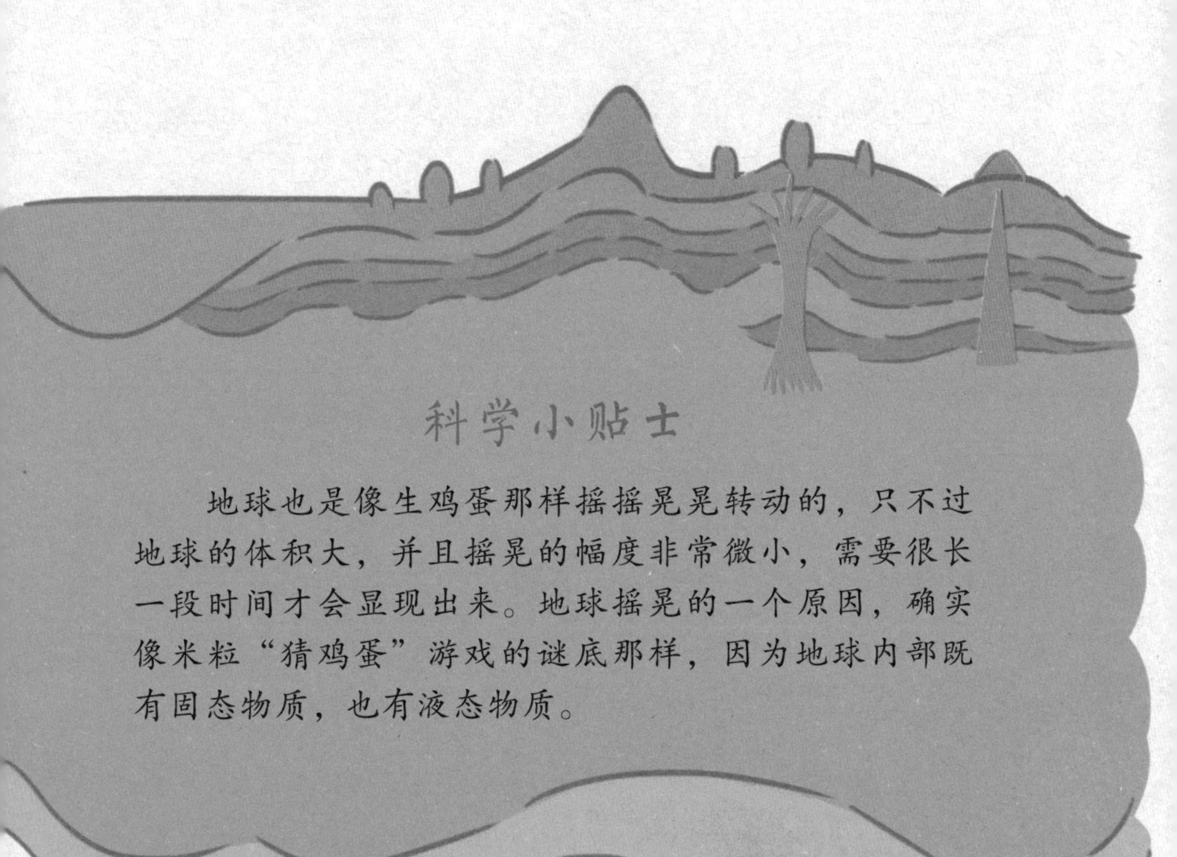

科学小贴士

地球也是像生鸡蛋那样摇摇晃晃转动的，只不过地球的体积大，并且摇晃的幅度非常微小，需要很长一段时间才会显现出来。地球摇晃的一个原因，确实像米粒“猜鸡蛋”游戏的谜底那样，因为地球内部既有固态物质，也有液态物质。

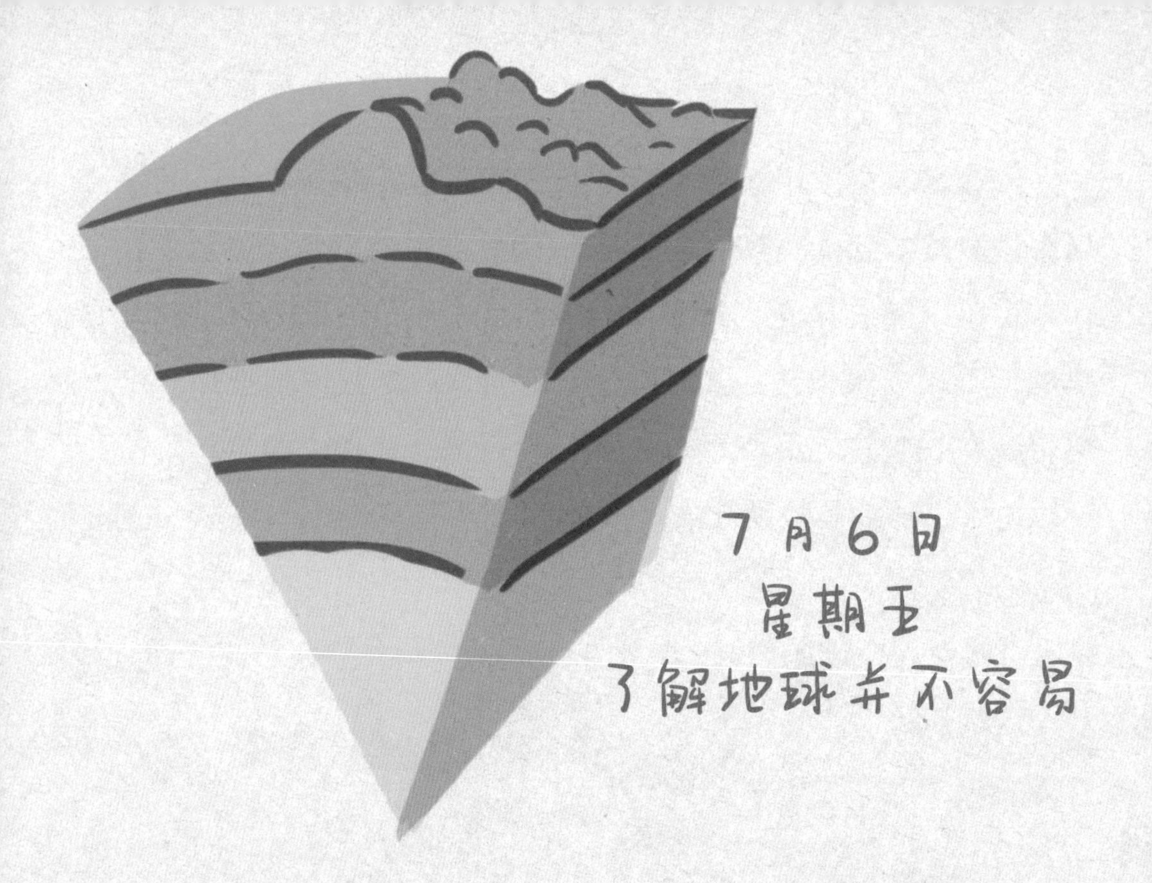

7月6日 星期五 了解地球并不容易

我是一个自信心爆棚的男子汉，可这会儿在米粒面前却抬不起头来。如果可以没有“昨天”该多好。当时，我塞了三个鸡蛋在口袋里，准备用米粒的把戏去捉弄高兴。可是连高兴的面都还没见着，鸡蛋就碎了，弄得我的口袋像是摆了一桌“全蛋宴”！这种搬起石头砸自己脚的事竟然发生在我身上，米粒这会儿说不定正在和谁笑话我呢。

下午，米粒和高兴来我家了。看到米粒笑嘻嘻的样子，我觉得应该先发制人：“昨天说的地球像生鸡蛋一样里面有液体的事，你弄明白了吗？”嘿嘿，知识果然是最好的武器，米粒说不出话了。她默默转身走出了我家，我猜是回家找“作战”利器去了。好，我等着她的有力回击！

高兴没亲眼看到我和米粒昨天的较量，我趁机拉拢他，顺便把昨天早晨在我家厨房上演的小魔术还有之后与米粒的讨论，以删减版向高兴和盘托出——只省略了想捉弄他的事。

不一会儿米粒斗志昂扬地回来了。两个小时后，我们的口水战陷入胶着状态。我认定地球就像一个生鸡蛋，虽然外层的岩石圈是固态的，但是上地幔中的软流层可以流动，地球的外

核也是液态的。米粒却说，这些全都是科学家的假说，谁也没有潜入地下亲眼见证它的样子，而仅仅是根据火山喷发物和地震波来推断的。

我和米粒一直争到肚子唱“咕咕”之歌才决定中场休息。我们打算把冰箱里仅有的两个鸡蛋煮煮吃掉再战。可是，鸡蛋不见了，餐桌上却堆着蛋壳。

高兴一边吞咽一边嘟哝着：“10分钟前，我接到两个生鸡蛋爆料，说昨天一个童姓四年级小男生打算拿它们的小伙伴捉弄高兴大侠，为了不重蹈小伙伴粉身碎骨的覆辙，它们决定到我的肚子里长期潜伏。呵呵！”这家伙！不过，昨天的事是谁告诉他的？

我正要问米粒，她却拉着我往外走，说要请我去吃跟地球有关的两碗面，还果断地“咔嚓”了高兴尾随的念头。

到了面馆，米粒跟老板娘报面名，老板娘当然摇头说没有啦——因为米粒点的两碗面是古登堡面和莫霍面。

科学小贴士

我曾经天真地以为科学技术早已发展到无所不能，但对于地球这个庞然大物来说，我们想要真正一探究竟却还有很长的路要走。如今，最深的钻探机能钻到地表以下15千米，相当于一万多个我叠起来，可这对于地球来说就像挠痒痒。所以，我们暂时只能推测地球的内部结构。另外，老板娘做不出那两碗面真的不怪她，因为莫霍面是地壳和地幔的分界层，古登堡面则是地幔和地核的分界层。

7月21日 星期六 迟到8分钟的日出

昨天一大早，我的摄影师爸爸就把我从被子里拽出来，兴奋地说：“童童同志，快收拾收拾，我们去碰碰运气！”碰运气？这可不像爸爸的作风。作为摄影师的他为了抓拍到珍贵瞬间，通常都是做好12分准备，用20个小时去等待“运气”的到来。在我胡思乱想的时候，爸爸已经开始收拾背包了：“叫上米粒和高兴，我们等会儿就出发去海边，明天早晨看日出。不过要是阴天或者下雨了，那就看不着喽！”看日出，太棒了！这个运气我还真要碰碰！

到达海边后的整个下午，我平均每小时查看 2.5 次天气预报，并且还在查看间隙做了晴天娃娃，全身每一个细胞都在期盼着好运气。

米粒摇晃着她做的女生版晴天娃娃，凑过来低声说：“童童，告诉你个秘密。”

高兴在一旁插话道：“这次又是什么鬼主意呀？”哈哈，

看样子大家都已知道，如果米粒以“秘密”作为开场白，那十有八九会是捉弄人的事。

“这次是真的。告诉你，我们明天要看的日出，其实是迟到8分钟的！”

“啊？迟到8分钟？”高兴上课会迟到，爸爸上班会迟到，没想到阳光居然也会迟到。

米粒继续说：“地球距离太阳大约1.5亿千米，如果我们从地球步行到太阳，要走上3400多年。如果是光的话，动作就快多了，但也要8分多钟才能从太阳走到地球。”哈哈，原来是这样！

今天清晨，我们趁着天还没有亮就来到海边恭候太阳。周围比我猜想的更黑、更凉、更安静。海浪的声音清清楚楚一下一下地拍在我心上。也不知等了多久，羞涩的太阳终于愿意露出它的额头。那初升的样子，像极了奶奶过年时在包子上点的红点。远处的红点越升越高，我只顾着看日出，竟忘了举起相机。今后，我的相册中也许会少一张“日出”，不过我的心中却永远留下了这难忘的瞬间。

科学小贴士

看日出一定要起得比太阳还早——最最正宗的日出是指太阳冒出地平线的一刹那，而不是它完全升起的时候。还好我们不是6月中旬来的这儿，不然就会比今天还要早起了。因为对于住在北半球的我们来说，在同一个地方，一年中日出时间最晚是1月初，最早则是在6月中下旬之间。

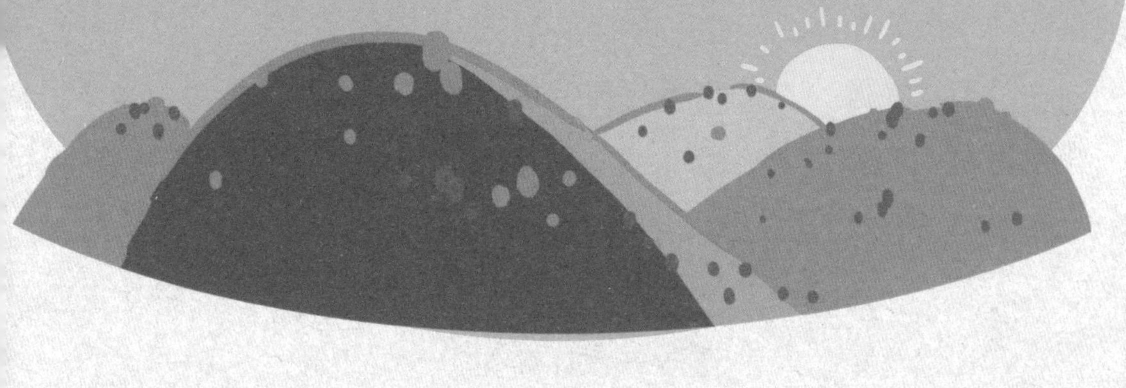

7月24日 星期二
白天与黑夜

“丁零”，电话响了，是米粒那个小丫头：“童童，我写完作业啦！找你打篮球怎么样？”

“米粒，你就饶了我吧！上次看完日出回来我就感冒了，还没全好呢！”

“夏天感冒？一定是缺乏运动！那我来你家。”

米粒好像一点儿也不怕被传染，还带来了同样不怕被传染的高兴。可是，关于三个人可以玩些啥，我这会儿大脑有些短路，平时关于游戏的主意现在都被鼻涕堵在脑袋里了。

突然啪的一声，整个房间都黑了，角落里响起一个熟悉的声音：“童童，有没有觉得感冒好些了？据说突然的惊吓能治疗感冒。”这个米粒，总能为自己奇怪的行为找到理由，我可只听说过突然的惊吓可以治疗打嗝儿。

她说我在夏天感冒不是一个意外，一定有原因。她要组织一个案件重演，找出导致我感冒的真凶！我看了一眼高兴，瞧他那一脸迷茫的样子，估计也不知道米粒这次葫芦里卖的什么药。不管怎样，这药兴许能治疗我的感冒。好吧，就让我们回到海边的日出现场。

首先，多少需要有些光！我正要去取几根蜡烛过来，米粒说，这次的案件重演用手电筒会显得更专业些。她还需要服装道具，我那件失踪已久的黑色外套，正巧在这恰当的时候出现了。哈哈，真是个不错的开头。米粒把外套拿起来噌的一下穿在自己身上，希望这上头不会有感冒病菌。接着，她把手电筒的开关打开，放在桌边。现场似乎布置完毕了。

穿着黑外套的米粒面对光源站着，往前迈了一步，和手电筒大约保持30厘米距离。“黑外套”先是一动不动站在光影里，然后缓缓地原地转圈。我开始看不明白了，这是行为艺术吗？这时，米粒抓起手边的镜子放在身前——我作为房间的主人都不知道这里还有面小镜子！她耐心地调整角度，直到镜子能将手电筒的光反射到衣服前面。镜子反射到黑外套上的光线比手电筒直接照在衣服上的光线暗一些。

这些黑暗中的光好像也照亮了我，迷迷糊糊的脑袋突然清

醒了。我指着镜子、黑外套、手电筒说：“这分别相当于月亮、地球和太阳！”果然，米粒告诉大家这次行为艺术之案件重演的题目叫“白天与黑夜”！她称自己是在表演连续的日出日落。

米粒继续静静站在光影中，艰难地同时转动身体和手中的镜子，当她向右转时，衣服上的光点就随之向左移动，旋转至背对手电筒的时候，米粒衣服正面的光线则变暗了，而背面则变亮了。黑外套对着手电筒的一面是受太阳眷顾的白天，对着镜子的是被月光照亮的黑夜。她还想继续演下去，高兴副导演突然打了一个响指，“出戏！”顺便打开了灯。

我和高兴依然不解，问范大侦探，这出白天黑夜的日出日落戏，到底和感冒有什么关系？米粒双手插在口袋里，好像还沉浸在刚才的角色里，她摸着下巴说：“复杂的情况中，最简单的解释就是真相。同时，细节是很重要的。刚才大家都专注着看我，却没发现这个。”米粒一边指向开着的窗户，一边说，“凶手是最不引人注意的海风！”这时，窗帘很配合地微微扬

起了她的裙角。哈哈，原来当我专注欣赏日出的时候，被海风不小心偷袭啦。我就知道，米粒的奇怪行为总是能有圆满的结果，这就是她的范儿！

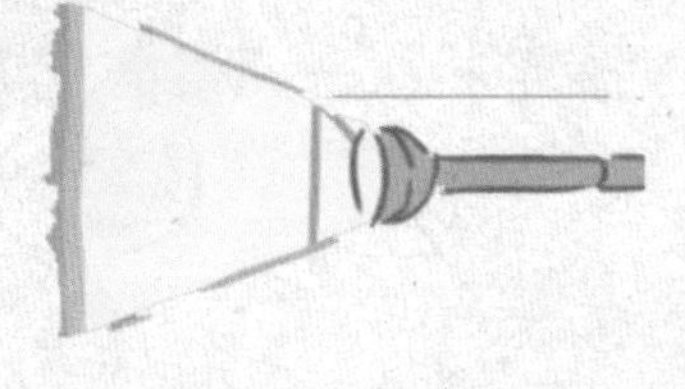

科学小贴士

就像我说的，在米粒的这个实验中，穿着黑外套的米粒相当于地球，镜子相当于月亮，那么手电筒则相当于太阳了。米粒的原地转动就是在模拟地球以地轴为中心的自转。旋转的过程中，米粒身体对着手电筒的那边意味着地球上向着太阳的一面——白天，另一边就象征着背对太阳的夜晚。对于月亮而言，如果它运动至能反射太阳光线的位置时，地球上的我们就能看到月亮；反之，我们就不会看到月亮，夜晚也会变得特别黑暗。

8月12日 星期日
沙滩上的宝藏失踪了

这是有史以来最特别的一个暑假，我将有一周的时间要在国外度过啦！要不是学校已经放假，真恨不得告诉每个同学这绝妙的消息——我家和米粒家要一起去泰国游玩喽！

今天下飞机时，是当地下午3点，北京时间却已经是下午4点了，飞机就这样送给我们一个小时。

既然到得早，那么今天原本的夜游沙滩就变成夕游沙滩啦！正好趁着最后一米阳光，把沙滩美景看得更清楚些。作为最爱新鲜事物的“地球之旅”成员，我和米粒在路上发明了一种新的沙滩藏宝游戏，道具就用泰国盛产的榴梿糖和椰子糖。这两种用热带水果制成的糖，平时很少有机会能尝到，这次借着玩游戏我可得吃个够。

游戏规则是这样的，两人先在沙滩上划定游戏区域，从一个橘色遮阳伞到另一个蓝色超大伞。在这个划定的范围内，我往沙里埋 10 块椰子糖，米粒埋 10 块榴梿糖，然后互相找对方藏的糖。怎么判胜负？当然找到糖果多的人获胜。

我俩迅速藏好糖果，然后快快地进入寻找阶段。但是，现实和理想的距离就像你与水中的月亮，以为离得很近，实际却

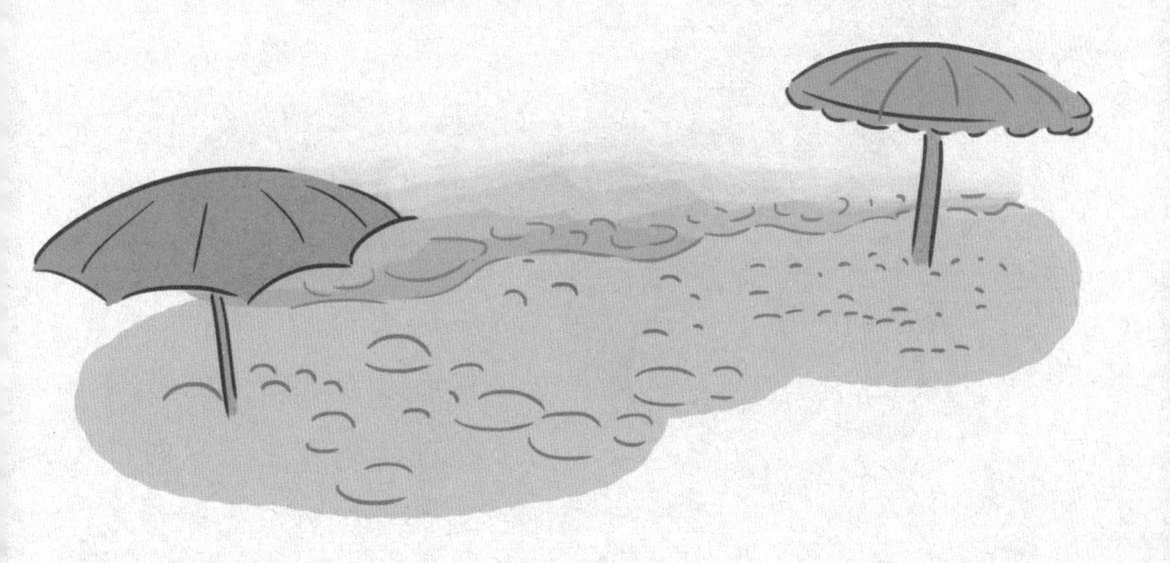

根本够不着。20分钟过去了，我连一块糖的影子都没见着。这时，我开始有点儿想念琥珀了——我的爱犬如果能在这里和我组成一队的话，凭那2亿多个嗅觉细胞，我俩一定完胜！

时针又毫不留情地往前走了一格，我和米粒坐在沙滩上望洋兴叹，我俩都是什么也没找到！难道这片沙滩上有专吃糖果的流沙？我指着远处说："明明就藏在那颗大石头边上！""是啊，我的也就藏在那把蓝伞旁边。"突然，我的脑门儿像被敲了一下，猛地发现了自己原本用来当作标记的那块大石头只剩下了"头部"，划定区域的蓝伞也不是"原来的"蓝伞！

有那么一瞬间，我惊喜地以为电影中的奇幻情节在现实中发生了！两秒钟过后，真相如闹铃般把我惊醒，我激动地说：“海水涨潮，是因为海水涨潮！”

地球表面的海水会受到太阳和月球引力的影响，每天都有涨落。我遥望着可能在海水之下漂荡的糖果们，试图感受它们的具体位置，并暗暗希望明天退潮时还能找到一些，那些傻傻的海龟不要把这些糖连着包装纸一起吃了才好！

科学小贴士

白天的海水涨落叫作潮，夜晚的海水涨落则叫作汐，这就是“潮汐”这个词语的由来。地球上每天都在发生的潮起潮落是因为有来自太阳和月球的引潮力，可我没想到的是，月亮的引潮力居然是太阳的两倍多。潮汐是一个奇特的自然景观，并且也被专家认为是一种无污染的绿色能源。

8月13日 星期一
海水为什么是咸的

应该带些什么纪念品回去送给朋友们，这是我昨天一直在思考的问题。不如带一瓶泰国海水吧！生活在城市里不能经常见到大海，我想我可以带一瓶海水给朋友们，再给自己留一瓶当作纪念。

不过米粒提醒我，携带液体乘坐飞机有很多的规定。没关系，这可难不倒我！将海水里的盐提炼出来，可以留作纪念，也可以用来自制海水，一盐两用。这样的礼物听起来就倍儿有面子，充满技术含量。

所以，今天一大早我就按照米粒编写的提取少量海盐的方法开始行动了。先盛一大碗海水，净置一段时间，让海水中的泥沙杂质全部沉淀。我从昨晚就开始做这项工作啦，今天早晨已经能看到泥沙安静地沉到碗底，等待我的过滤。下一步，在房间内找一个能长时间晒到太阳的地方，作为晒海盐的地点。我挑了窗口位置，正巧那里有一个书桌。

太阳啊太阳，你可别吝啬自己的能量呀，接下来就请多多关照啦！然后，找几个用

过的纸杯，杯口倒扣放在桌上。看到杯底的凹槽没？大约三四毫米高，这次就是要利用被人忽略的杯底凹槽来工作啦！哈哈，我最擅长的就是废物利用呀！

将提前准备好的海水舀出，倒入杯底凹槽。我第一次提炼海盐，觉得量有点儿不好掌握。

反正回收了十多个用过的一次性纸杯，干脆把它们都摆上吧！现在，这些纸杯全装着海水，排在窗口享受阳光呢！

吃过饭，我们在网上和高兴聊天。这一周家中没人，就拜托高兴给当几天猫爸和狗爸啦！为了感谢他的无私，我透露了正在制作泰国海盐给他当礼物。高兴觉得这礼物非常酷。不过，他暗示还可以另外带些水果回去，他家的迷你兔很爱吃。哈哈，这个贪吃的家伙，其实谁不知道兔宝宝只能吃少量的水果，剩下的大部分最终还是会到高兴的肚子里去哟！但我一定会满足他这个愿望，因为，我还真不能保证按照米粒的方法一定会得到足够多的海盐带给高兴。

科学小贴士

提炼海盐的时候，如果担心风来打扰的话，就用塑料袋将纸杯套起来，再在袋里放些小石头。不过作为“地球之旅”成员，我们都会尽量少用或者不用塑料袋。提前看好天气预报，找个无风的日子吧！对了，用海水直接晒出的盐不能直接食用，因为其中不仅缺少一些人体所需的矿物质，还含有一些对人体有害的成分，要进一步加工提纯才能食用。

8月14日 星期二
小鱼温泉

来泰国之前，我没想到这个热带国家也流行泡温泉，今天的主要活动就是感受温泉。一想到这儿我就开始浑身冒汗了，要是怕热的高兴也在，他会闭上眼享受还是拔腿就跑呢？不过这是人生中又一个未知的第一次，我仍然充满期待！

坐在温泉池子里，我四处张望。哎，那个家伙呢？米粒看我东张西望不禁问道：“童童，看什么呢？”“找泉眼呀！温泉水来自地下，地面上应该有个泉眼，咕嘟咕嘟往外冒水呀。”这时候，有个陌生的声音在旁温柔地说：“我们这里是引水式温泉，用管道将源泉水引到这里。它的温度和水中物质含量都符合标准，请放心享受吧！”说话的原来是水池边做温泉鸡蛋的泰国哥哥，说得一口好棒的汉语！

昨天我做了一些功课，了解到泰国还流行一种小鱼温泉。那种温泉池子里有许多小鱼，它们的任务是啃食游客身上的死皮。据说，这项鱼疗服务最早兴起于土耳其。印象中，妈妈写过一篇文章，文章里说随着鱼疗服务的商业行为越来越多，有一天，人们突然意识到这些小鱼

的“鱼格”也需要得到保护，它们每天被迫吃太多死皮啦！我觉得，为了这些小鱼的美好生活，还是不要贡献太多食物比较好，我和爸爸互相搓搓背就行了。

在热带享受暖烘烘的温泉，没想到别有一番风味。我陶醉在其中，险些忘了要去集市购买高兴想要的水果。

结果是，高兴满心期望的新鲜水果最后变成了水果干。这可不是另一份我精心制作的礼物，而是因为国际航班对携带水果、蔬菜、植物等有严格的规定，目的是保护国家的畜牧业和农业远离虫害和境外疾病。新鲜的水果过境是非常危险的，因为水果里有可能潜伏着病害或是幼虫和虫卵！它们一旦得到机会，配合适宜的温度、湿度就可能爆发虫害。典型的蝴蝶效应！我为自己将一场大灾难遏制在萌芽中而感到庆幸。

科学小贴士

温泉也是地球赠送给我们的礼物，地球内部高温的岩浆、岩石让周围的水变热，使之成为“温泉”，泉水源源不断地从地下涌出，温度怡人且含有对人体有益的矿物。人类不仅可以用它来治疗疾病，还能更多地开发利用它的热能。谁是第一个发现温泉妙用的人现已无从考证，不过最开始的时候，人们发现有动物在泉水里休息，也许就是从这里得到了一些灵感吧！

9月3日 星期一
地球很大又很小

今天在地理课上，我基本上完成了和米粒、高兴一起制订的“认真听课”计划，除了上课期间去了趟厕所。拉肚子真的是不可预知因素，都怪我昨天贪吃树上飘下的茉莉花。可是那花真的很香。

在课上，老师提到地球虽然很大，但和宇宙比较起来，立刻就显得微不足道了。茫茫的宇宙中，地球只是其中一个小点。就像对蚂蚁来说，一粒米饭是大过天的，可米饭对于人类生存的世界来说却很小很小。我们，就是宇宙中的小蚂蚁。总说科学需要想象力，我觉得自己在这方面还是可以的吧！

认真听课的收获真不少，今天学习到一个新名词，叫作光年，还学习了一个新概念，叫作银河系。用这两个词语造句的话就是——地球属于银河系，银河系的直径有 10 万光年。再往上数的话，银河系又属于宇宙，以地球为中心，到目前发现的最远星系的距离是 337 亿光年。再再往上我有点儿想象不了了。

米粒和高兴也都对今天地理课的话题很感兴趣。于是我们仨决定做一个“碗中宇宙”。先取一个大容器，木碗最方便。用榴梿壳、椰子壳也行。如果想做超级微观的宇宙，可以拿个栗子壳吧！用黑色丙烯颜料将容器内部全部涂黑。啊，深邃的宇宙立马就出现了！接着耐心等待宇宙大爆炸后的冷却——等待黑色颜料变干。然后用细细的笔尖或者牙签，点上一些白色小点点，作为星空背景。再将事先准备的水晶滴胶按说明书上

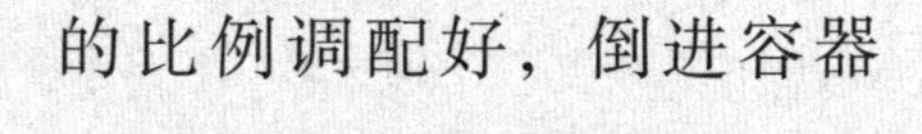

的比例调配好，倒进容器里，形成大约 3 毫米厚的涂层。

米粒说，为了水晶滴胶完全干透，让后续制作更方便，等上一天会比较安全，否则可能发生沾手或涂颜色时颜料洇化开的悲剧，变成名副其实的混沌宇宙。我是个心急的人，又用了吹风机，这个武器其实已不算是秘密了，嘿嘿！

再往后就全部都是自由发挥的时间啦！在水晶滴胶上画上银河系的银心、臂旋或其他天体，想画什么画什么。再浇盖上 3 毫米左右的水晶滴胶。重复以上步骤，接着画，接着再盖上滴胶。具体要画多少层，随意啦！每一层可以用略微不同的颜色，夜光颜料也是不错的选择哦！

传说中宇宙是用 7 天创造成的，“地球之旅”小组用了一天时间，参考书上的图片，加上疯狂想象，做出了这碗“宇宙”。如果深夜遇见外星人，我一定举着这个宇宙碗对他说：“到我碗里来！”其他的呢，我觉得还可以在家中地板上这么操作一下，之后就能在“太空里”吃饭睡觉逗琥珀啦！不过关于这个想法，我还得先去问一下爸爸。

科学小贴士

光年可不是时间单位，它是长度单位，指的是光在真空中沿直线传播一年时间的距离，是给宇宙这种庞然大物用的计量单位，一般用在天文学。1 光年 =9.46×10^{15} 米。如果从学校到家里的距离也可以用光年计算该多好：从我家到学校有 4.2 光年远，这听起来非常酷，不过呢，要在半人马座 α 星上先建个学校再说。

9月15日 星期六
和谐的地球

米粒的电话一早就来了："童童，快来我家楼下！现在！"话音未落电话就挂断了。真不知道她又要倒腾什么新鲜玩意儿了。我一边走一边提鞋，赶到米粒家楼下时，高兴已经站在那儿了。哈哈，看来我不是唯一被召唤的人。

原来，米粒买了一个巨大的玻璃缸，她让送货的叔叔别送进家门只摆在楼下就好，这会儿却让我和高兴来帮忙将这个大缸扛上楼去，还不准坐电梯！面对这样特殊的要求，我俩真是哭笑不得。米粒义正词严地说："我家就住三楼，怎么能坐电梯呢。送货的叔叔工作已经很辛苦啦，不好要求得太多。你俩今天是不是还没体育运动呀？来吧，'地球之旅'的成员，开始锻炼吧！"乍一听，米粒说得确实在理，我和高兴只好"吭哧吭哧"地帮她扛起了这个大玻璃缸。

搬这东西真不轻松，我不禁对米粒的计划有些好奇，忍不住问道："米粒，你用这么大的缸做什么？不会是给你家小猫洗澡吧？""我想用它做微缩生态景观，把我家的小鱼和观叶植物都放进去，所以需要缸的体积尽可能地大，才能让它们更好地呼吸，放松自己。"高兴惊呼："你想把小鱼和植物放在一起？那些鱼还不把你的植物全部吃光呀！"米粒突然笑起来，

这次终于轮到高兴闹笑话了。

米粒说她养的灯鱼不吃植物，反而是小饭——米粒的爱猫，吃掉的叶子更多。这次把鱼和植物放在一起是为了方便它们互相帮助，互相补给。高兴听了依然一脸迷茫，亏得他还有一位当生物学教授的爷爷呢！还是我来回答吧：米粒说的互相帮助是指养鱼的水非常适宜拿来浇花，因为里面有鱼的排泄物。这些排泄物对植物来说是天然有机肥料。另一方面，植物进行光合作用后，为小鱼和人类提供氧气和芬多精。听起来很完美是吧——一个和谐的微缩生态景观！

米粒家住在三楼，这四十八级台阶，我们却走了将近半小时。终于将玻璃缸在米粒家放下后，看见范爸爸正在用废弃的饮料瓶做一个简易过滤器，据说这能让米粒的生态景观缸保持水质清新，氧气充足。看起来，我们组织又多了一位成年组员！范爸爸是个考古工作者，他除了精通古代那些事，对现在小孩子的心思也很了解。这不，他顷刻间又用废弃饮料瓶做了个漂亮的花洒送给我。我想，除了浇花外，还可以给我的琥珀洗澡用，这也是另一种循环的形式嘛！

科学小贴士

地球本身就是一个大的循环系统。营养物质从水、大气、土壤等自然环境中通过植物的吸收进入到生态系统中，然后在生态系统各种生物间流动，最后再以某种方式回到环境中，完成一次循环，这就是生物循环。范围够大吧！在这个星球上发生的循环，也有小范围的，比如珊瑚礁。珊瑚礁的结构给周围的生物创造出一种可循环的生态系统，一块珊瑚礁中充满了生命，礁石的空隙为上百种海洋动植物提供住所。在这个小小的世界里，生存在这里的海洋植物、动物、微生物都互相依赖着生存。高兴曾感慨，要是人类世界也能如此和谐的话那该多好。

9月17日 星期一 离不开的能源

今天下雨了，温度一下子降到十几摄氏度，又饿又冷的我正在享受晚饭，突然啪的一声停电了。爸爸说，也许是供电线路的问题。在这紧急时刻，平时我收集的那些“垃圾”终于可以派上用场啦！我摸到自己的百宝箱，掏出了两截蜡烛头点上。

正当我准备开始享受新一轮烛光晚餐的时候，米粒来了。看起来她刚经历了一阵冲刺跑，在门口一边喘气一边说：“原来你们这儿也停电了。我家也是，可是鱼缸没电就不能给水加热，怎么办呀？”啊呀，米粒家的鱼缸可不能断电，她养的是热带鱼，对水温非常敏感。点蜡烛是一点儿都帮不到热带鱼的。

不过我有办法！百宝箱中的“垃圾”又要接着上场啦。我在里头摸出三个打点滴用的瓶子和一块泡沫板，火速奔向米粒家。

到底怎么拯救断电的鱼缸呢？很容易啦！主角就是那三个瓶子。先用热水给三个瓶子消毒，然后在里面灌满 30 摄氏度左右的温水。盖上瓶盖，将这三个装满温水的瓶子轻轻地放进鱼缸里，均匀分布，别惊动了鱼儿们。最后在泡沫板上戳些小孔，把鱼缸盖上。经常被随意丢弃还污染环境的泡沫塑料，今天又一次发挥了自己的作用。

那三个瓶子能够在不改变水质的情况下，缓缓地给水加热。塑料泡沫板呢，是用来阻止鱼缸的热量散失，进一步给鱼缸保温的。看着小鱼终于又在温暖的水里游来游去，米粒放心了。

后来，干脆大家都来我家吃素食烛光晚餐啦！我们围着桌子，边吃饭边感叹自己的生活已经离不开电了，不知等到能源耗尽的那一天人类该怎么办。反正我们节约用电总没错，比如每星期一的素食日都像这样在烛光下进行吧！

科学小贴士

科技的发展让我们逐渐变得一刻都离不开能源。尤其是煤、石油、天然气等化石燃料，人类已经消耗了太多。最近 30 年中，人类消耗的能源几乎翻了一倍，全世界平均每人每年要消耗约 0.7 吨石油。另一方面，这些化石燃料在运输和燃烧的过程中还会造成环境的污染。所以，近年来科学家一直在努力地寻找高效利用化石燃料的方法，同时研究怎样更好地利用风能和水能，这两种能源是可再生的、清洁的能源。

10月1日 星期一
圣诞老人的夏装

还能有比放长假更让人高兴的事吗？真没有。除非是连着放长假！不过，比起幻想些不切实际的，还是好好珍惜手中已有的几天假期吧！

爸爸早已吹响节日的号角，为大家组织了北方4日游！参与者有我家三口、米粒、高兴和他的爸爸。上午10点，大伙儿已经在我家集合完毕啦！

当我对行李进行最后检查时，突然发现，除了薯片、巧克力等“必备物品”外，怎么多了件厚外套？明明刚刚入秋，都还穿着单衣呢。妈妈看出了我的疑惑，说：“这是我放的，下飞机就凉啦，一定会需要的！”难道，飞机要带着大家穿越时空不成？这一飞，会飞过 10 月，来到 2 月？

在一旁看着我整理的米粒和高兴相视一笑，然后一个搬出地球仪，一个拉上窗帘，看来实验时间又到喽！

米粒先在地球仪上分别找到我们所在地和目的地的大约位置，并用贴纸标示。根据我的观察，这两个地方经度差不多，不过我们所在地的纬度相对低些。接着，米粒在地球仪旁30厘米的地方，放上一摞书，堆到地球仪高度的一半左右，这项工作让某些积灰的书终于派上了用场。高兴呢，居然能在拉着窗帘这样昏暗的环境里，在我抽屉的深处挖出一个手电筒。嘿，难道他有双猫眼吗？他把手电筒放在这摞书上，打开开关，光线对准地球仪。

米粒一边旋转地球仪，一边说："手电筒代表发光又发热的太阳，照耀着地球。因为地球自转和公转的存在，地轴又有倾斜，所以地球上各个地区受到的太阳光照的角度是不同的，太阳直射时，地球表面可以接受到较多热量，因此变得温暖，太阳斜射时，地球表面接受的热量较少，就会变得寒冷。这次我们往北走，温度可不是只降一点点哦。”

米粒这一解释，我就全明白了。这一刻的地球，四季齐全着呢！看来，年底圣诞老人开始全球范围的工作时，必须准备一个巨大无比的行李箱，里面春夏秋冬的衣服全都得装上！

科学小贴士

我们此次目的地的纬度较高，和我们的居住地比起来温度到底相差多少？天气预报告诉我们，那儿的温度至少得低10℃以上，难怪妈妈说我需要厚外套呢！如果旅行前不想为带什么季节的衣服而烦恼，就去同纬度的地方玩儿吧！不过，登山除外哦，随着海拔的增高温度会随之降低，御寒衣物可得准备妥当啦！

10月2日 星期二
拥有超强生命力的蟑螂

今天，当大伙儿都在酒店大堂吃早饭的时候，米粒突然“啊”了一声。当时我也不自觉地跟着叫起来：“啊——”米粒尖着嗓子说：“童童，你瞎起什么哄。我看见蟑螂啦！”我凑过去，真是好几只蟑螂！看起来它们的伙食很不错，个个养得珠圆玉润。不过，这儿的气温刚过10摄氏度，蚊子连个影儿都没有，蟑螂怎么能如此活跃呢？

我抬起脚，正要踩过去，高兴爸爸不紧不慢地说：“别费力啦，蟑螂的生命力可是很强的。”“什么意思？难道它们都像‘金刚狼’一样有不坏之身，是‘金刚小强’？”

高兴爸爸作为一名野生动物学家，对动物的了解可能比对人类的了解还深，他告诉我们，蟑螂在4亿年前就有了，比恐龙的诞生还早，它们还和恐龙做过邻居。只是没想到，后来恐龙灭绝了，蟑螂呢，还活得好好的。好家伙！我说：“如果让我导演《侏罗纪公园》，一定要在里面加入蟑螂的戏份！”

听到“侏罗纪”这三个字，历史狂人高兴立马说：“童童，你知道侏罗纪属于哪一代吗？那一代又属于哪一代？”面对绕口令一般的问题，我也能立马用“第一宇宙速度”回答，男孩子怎能不知道恐龙那回事啊：“侏罗纪属于中生代，中生代属于显生宙！显生宙之前是元古宙，元古宙之前是太古宙！”“那么，你知道如何有效消灭蟑螂吗？”……

妈妈见我和高兴在消灭蟑螂的问题上争得热火朝天，便告诉我们一个她常用的方法，试图平息这场纷争。方法是这样的，先取一个土豆，把它蒸熟了，然后捣碎。接着拿个盘子，倒上硼酸粉——这是一种外用药，许多杀虫剂里都含有它。将1：1的硼酸粉和土豆泥和匀，放在墙角边等蟑螂经常出没的地方。然后，悠闲地等待就可以了。妈妈提醒我注意，如果用这种方法的话，千万要将“土豆泥杀虫剂”放在

小孩子和宠物无法碰到的地方!

就这样，我们在恐龙和蟑螂的话题中开始了愉快的第一天。

蟑螂还有一个文雅的名字，叫作“蜚蠊”，是现今存在的最原始的有翅昆虫之一。关于蟑螂强大的生命力，曾有生物学家深入研究过之后得出如下结论：假设地球上某一天发生了巨大的核爆炸，生存状况非常恶劣，以至于所有生物都消失了，就算在这样严峻的情况下，蟑螂依然能继续生存下去。难怪人们将蟑螂称作“小强”，真是太贴切啦!

10月4日 星期四
消失的栖息地

这次出游，让我人生中第一次有机会呼吸到如此清新的空气。我尽情徜徉在满眼的绿色中，感受与大自然零距离的接触。在旅游手册上，这里只是块面积还算大的森林，连着长长的海滨公路。但置身于此，它所蕴含的自然力量让早已习惯了城市生活的我深深为之叹服。

直到晚上该睡觉了，我依然对那些景色念念不忘。于是一个人悄悄起身，仰望天上的明月，幻想自己是隐居不仕的陶渊明，身处桃花源中，寄情于近在咫尺的自然景色。突然，我的肩膀被谁拍了一下，原来是米粒和高兴！我惊喜地说："你们也没睡啊！"在陌生的地方和小伙伴们一块儿偷偷不睡觉，还有比这更新鲜好玩儿的事吗？我把自己刚才的想象告诉了他们，立刻引起了共鸣，高兴说："我呢，倒是想过住在一个有很多植物和小动物的地方，比如去巴拿马的热带雨林和成千上万种节肢动物做伴，又或者去南美洲阔叶林地区向熊学习冬眠。"

和月食一样难得的是我们三人深夜畅聊，不过似乎在气氛上还缺点儿什么，于是我去倒了三杯葡萄果汁。就着窗前的月光，

大家异口同声：“干杯！”我说：“高兴前面提到的那些栖息地听起来都很不错，不如大家退休后一块儿去那里住吧！”没想到，米粒给出的回答却语带忧伤：“等我们退休？到了那时，真不知道地球会成什么样呢！”是啊，这一句可点醒了我。如今，地球上三分之一的原始森林已经遭到破坏；未来，栖息地的命运将会如何，尚是个未知数。虽然大家已渐渐意识到原始森林遭到大面积破坏，进而开发了许多人工林场，可是人工林场中的

生物量明显低于天然林，许多小动物仍然无家可归。

等到大伙儿退休的时候，栖息地会不会早已消失？想到这些，我开始有些焦虑了。

后来，我、高兴、米粒在客厅里聊到睡着，被半夜起床上厕所的爸爸发现，在被爸爸揪耳朵的“惩罚”中结束了这一天。

科学小贴士

我们对退休后地球状况的顾虑并不是杞人忧天，全球森林面积确实在逐渐减少，其中非法砍伐位列森林消失原因的第一位。我们都知道亚马孙热带雨林是世界上最大的热带雨林，同时也是消失最快的森林之一。好在，人类已经意识到问题的严重性。这些年，中国等部分国家大幅减少森林砍伐，大规模植树造林，加之林地的自然生长，森林净损失速度已显著放缓。

10月5日 星期五
化石是一本配图日记

前方记者童晓童播报：因为冷暖气团的交汇，今天下起了锋面雨。原先安排的室外参观活动临时取消，改成在房间内感受这座城市的雨声，看看他乡云朵行走的节奏。

伴着雨滴声，我翻着以前写的日记，正为自己在旅行中坚持写日记的精神动容，米粒来了。“又在自我欣赏了吧。你的日记本多厚了？让我也瞧瞧。”米粒一边翻我的日记，一边不咸不淡地说，“地球已经写了46亿年的日记，其中有字也有画。”瞬间，我心中骄傲的小火苗弱了一些。

米粒接着说：“嘿嘿，地球的这本日记比你的厉害多了吧！对了，猜猜人们是如何知道恐龙和三叶虫的？可别说科学家是坐着时光机回去偷看的哦。”我啪地拍了下脑袋，是呀，这个问题我从没想过！才一顿饭的工夫，先前那点儿自我满足的劲儿完全消失了，我认真向“范老师”请教。

米粒说，地球出生至今的46亿年间发生了很多故事。有本叫作“化石”的配图日记记录下了它们，这是一种特殊的地层

文字。在地球过去的故事里，出现了很多生物，也有很多生物消失了，这些都会记录在化石里。

这时候，米粒突然伸长脖子向四处张望，然后神秘兮兮地从口袋里掏出块小石头，压低声音说：“童童，你看！”哇，小石头上有植物根茎和叶片的轮廓！我说：“这是一块植物化石吧！”米粒得意地指了指窗外，楼下有个小花坛。我瞬间心领神会，“噔噔噔”地冲到楼下，卖力挖起来。

一个小时过去了，除了替蚯蚓捯饬了它们的家，挖到几个话梅核儿、4 块碎石头，我什么都没发现。雨又开始淅淅沥沥下起来，我回到酒店房间，米粒转头看见双手满是泥巴的我，就像决堤的洪水一般猛地笑了起来。过了好一会儿，她努力憋住笑颤抖着从书包里掏出了一枚叶子书签、一个墨水瓶，又从口袋里拿出了刚才那块“化石”。看到这些的时候，我目瞪口呆的样子就像一块化石！她却理直气壮地说：“童童，真要那么容易就在路边挖到化石的话，考古学家可能早就失业啦！”

科学小贴士

化石都会讲故事，有时候讲述的是生物死亡的情况，比如有1500万年历史的“蓝湖犀牛”，说的是一只被涌入湖水的岩浆困住的两角犀牛，随着岩浆逐渐冷却，它也被永远地固定在了那里，直到后人将它挖掘出来。

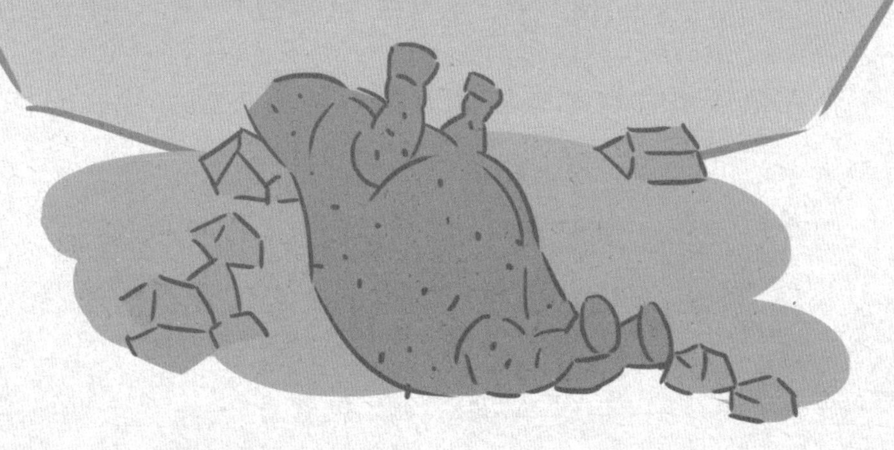

10月6日 星期六
制作琥珀化石

今天依依不舍地和那座北方城市说了再见。开心的日子过得太快了，也许这就是“相对论”吧！

到家后，我正整理着一团乱的背包，米粒来串门了。我猛然想起那天她用假化石逗我玩的事，决定三天不搭理她，说到做到！

没料到，米粒一反常态，不仅特别客气，居然还带了礼物送我。收到来自米粒的礼物，我有些怀疑自己是不是看到了海市蜃楼。我伸出手试探一下米粒提着的超级环保袋，是真的；接着掐了一下自己的胳膊，好疼，也不是做梦。

当我充满期待地打开袋子，这都是什么呀！酒精灯、小铁锅、剪刀、牛奶盒、一块黄色石头。打开里面的一个小袋子，好多树叶和花瓣，居然还有蜗牛壳和几个死虫子！

哈哈，米粒拿来这么多奇怪东西，以为我这儿是垃圾回收站吗？她郑重地说，这是要现场做个琥珀化石送给我，款式任选！

米粒说着，就先架好了铁架和小铁锅，接着点上了酒精灯开始加热。她一边提醒我小心明火，一边将黄色石头放到小铁锅里熬，直到化了。这时我才知道那块黄色石头原来是松香，是从松树树脂里提炼出来的东西。松香是易燃物品，使用起来可得多加小心。接下来我被安排照看在继续加热的小铁锅和熔化的松香。小铁锅中的松香要持续加热，不然它很快就会凝固。这时候，米粒把牛奶盒剪开，开始做成需要的大小和形状。如果想要一个拳头大的琥珀化石呢，就把牛奶盒做成拳头大，想要杏仁大小的呢，就把它做成杏仁大小的。我首先想要一个杏仁大小的！

倒数第二步，米粒把熔化的松香轻轻倒入用牛奶盒做好的模具中，注意，不能装满，一半就好。剩下的松香继续放在酒精灯上加热。等牛奶盒里的松香冷却后，在上面摆个树叶或是蜗牛壳，或是

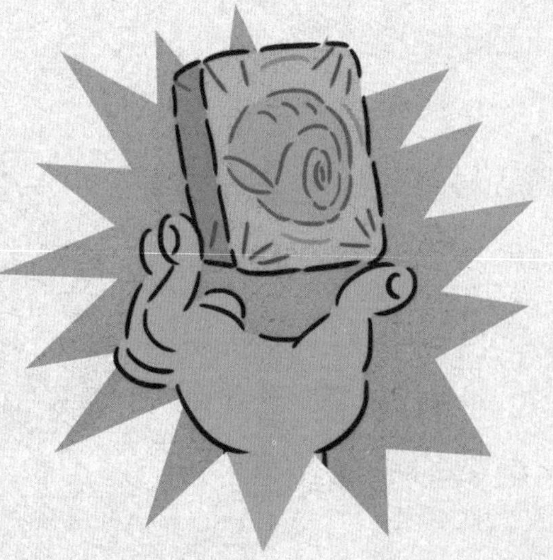

死去的昆虫都可以。我先放个蜗牛壳试试。

当牛奶盒里的松香完全冷却凝固时，再倒入另一半的松香，将蜗牛壳盖起来，这样就差不多完成啦！我把装着准琥珀化石的牛奶盒放在冰水里，希望它快点儿成型。

不一会儿，一个琥珀蜗牛壳化石就做好啦！之后我和米粒又做了树叶款、昆虫款。回头，我还准备做些纪念款，比如含有猫毛或者螃蟹脚的！

科学小贴士

化石的种类很多，如果按照其保存特点，可以分成实体化石、模铸化石、遗迹化石和化学化石。其他的还有特殊化石、标准化石等等。其中琥珀就属于特殊化石。经过今天的实践，我发现制作一块漂亮的琥珀化石并不像看起来那么容易，心灵手巧的米粒也失败了好多次。晚上我计划着去做一些“琥珀核桃”来犒劳自己，用蜂蜜糖浆裹住核桃仁，绝对是“美味化石”啊！

11月19日
星期一
鸟随身带着地图

枯叶和迟来的太阳告诉我冬天到了。早晨起床变得更难，冰激凌也不再让人垂涎，但冬天依然有不少好玩儿的东西，比如“哈白气”！看着口中哈出的哈气变换着各种姿态缓缓散开，这个过程真叫人着迷。

这星期我换到靠窗的位置，上课时忍不住再次对着窗外玩起了“哈白气”。这时，我的眼角余光又瞥见天上飞过一群鸟，这已经是我在这节课上第三次看见群鸟飞过了。平时从来没有见到这么多鸟经过呀！不好，是地震！书上说，地震前动物们会集体出动。我浑身每一个细胞都警惕起来，进入戒备状态，低头四下寻找有没有大批蚂蚁移动，侧耳听听有没有狗吠猫叫，准备一发现蛛丝马迹立刻报告老师。

正找着，又有一群鸟经过。来不及了，我猛地从座位上站起来：“老师，是不是要地震了？！天上好多鸟飞过，有四批了！我们要不要疏散啊？”

话音刚落，教室里“哄”的一下炸开了锅。老师好不容易让大家平静下来，郑重地对我说：“童晓童同学，你有这样的意识非常好。但是，根据季节判断，你刚才看到的应该是候鸟迁徙，也许跟地

震没有关系。你先坐下吧！”真的吗，只是鸟类的迁徙？一瞬间，我也想长出一对翅膀从教室里飞走。好多同学正用异样的眼神看着我，现在我真的很希望大家能赶紧疏散。

闹了这个笑话之后，我努力保持冷静继续认真听课。但有个问题却始终挥之不去，那些鸟是都迁到一个地方去吗？那它们是如何认路的呢？后来米粒给了我答案，她说有迁徙行为的鸟，每年春秋两季都是往返于繁殖地和避寒地之间，所以它们的飞行方向会大致相同。说到鸟们为什么能飞得那么“胸有成竹”，那是因为它们随身携带“地图”。其中一种地图就是地磁场。地球磁场是偶极型的——其中 N 极在地理南极附近，S 极在地理北极附近。有些鸟类的眼睛能“看见”磁场，有些鸟喙的皮层上也有磁性敏感细胞，帮助它们寻找方向。

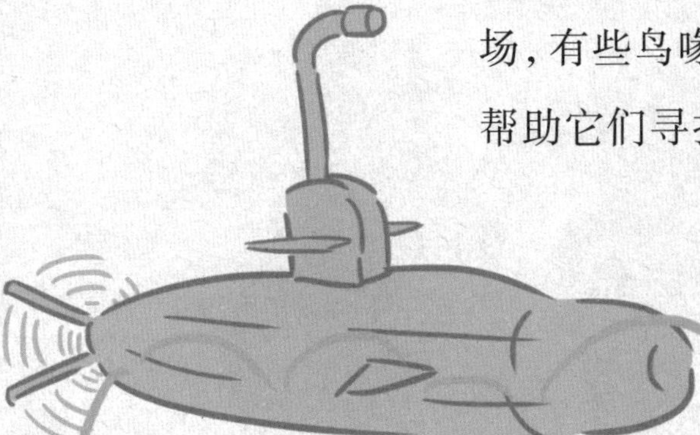

科学小贴士

人类许多的发明创造都是受到动物行为或形态的启发，比如飞机、潜水艇等。关于鸟类，科学家一直在研究它们对磁场的感知能力，希望可以将鸟类的这种能力应用在工程磁力仪上，比如嵌入眼镜的指南针。不过我觉得光是嵌入眼镜还不够实用，因为在冬天一哈气，眼镜就会蒙上雾，这样连路都看不清啦！

11月24日 星期六 地球上不可或缺的苔藓

我觉得自己越来越像那么回事了。周末早晨，我都会花很多时间照顾我的三盆罗勒。它们已经长真叶了，我给每片叶子都取了名字：罗杰、罗姆、罗斯、罗宾……米粒说罗勒喜欢大太阳、高湿度。我想，如果在梅雨季，它们说不定要像野草那样疯长。可是现在入冬啦！它们会成长得慢一些，不过我不心急。

当这三盆进入了平稳期，我不安分地又想折腾些新玩意儿。上回米粒说她挖了苔藓，准备种在“大陆漂移”铅笔盒里，我也想这么干。现在的气温有点儿低，移植苔藓会给它们添麻烦吗？于是我咨询了一下米粒。她说苔藓的生命线可长着呢，绝不会被“搬家”打扰的。有些品种的苔藓甚至在冬天也长势喜人。热心的米粒还远程指导我该如何操作。还是先选容器啦！

最近“瓶景”似乎非常流行，就是将苔藓养在一个玻璃瓶子里，我也想模仿着做一个。但是米粒说如果瓶子全封闭的话，瓶子里湿度会很高，苔藓短时间内会长得很诱人，不过这有点儿像打兴奋剂，风光过后就颓了，而且封闭状态下的苔藓没法儿呼吸，会出现徒长或者消亡。米粒建议我要用发展的眼光，挑一个半开放式的容器。

接着就是采集苔藓了。网购苔藓非常方便。米粒说这又是一个馊主意，因为苔藓到处都有，很方便就可以取得，如果要网购的话实在太不环保。米粒让我勤快些，带上小盒子，去湿度高、有一定光照的地方挖苔藓，保管一挖一个准儿。这个建议非常好，我有机会做一回“苔藓神枪手”啦！

米粒接着说，把苔藓宝宝接回家后，就必须对它

们负责。要先准备一些含沙土壤。含沙土壤有一定的保水性，也比较透气，是个好选择。我想，苔藓宝宝一定会觉得这张床舒适又温馨吧！剩下的就是每天多多喷水，多点儿再多点儿。特别是在干燥的冬季，要努力保持空气中的湿度。干燥是苔藓最大的杀手。给它们适当晒晒太阳也是必修课。米粒说我已经是“地球之旅”的老成员，带领苔藓沐浴阳光是小意思。

我一边听米粒的指点，一边记笔记，时不时还追问几个问题，有点儿手忙脚乱。不过，最后还是正确、完整地记下了种植苔藓的步骤。这就准备出发去做“苔藓神枪手”啦！米粒委婉地暗示，她觉得有点儿不可思议，为什么“停不下来的童晓童”

突然要养植物，而且还是苔藓这不起眼儿的家伙。要知道养植物可是极其需要耐心和静心的。哈哈，我想营造一点儿神秘感，所以关于这个“为什么”，就暂时先不告诉她啦！

科学小贴士

至于我为何突然养起了小小苔藓，其实没什么神秘的，只是因为我无意中知道了它们的厉害之处！千万别小看苔藓，它们可是自然界的拓荒者。苔藓能分泌一种液体，加速岩石风化，促进土壤形成，是其他植物生长的开路先锋！除此之外，苔藓还能让沼泽变成陆地、保持水土等等，是地表植被的保护者呢！

11月29日 星期四
火山爆发

今天公布了考试成绩。以上这句话的句式足以说明大家低沉的心情。因为，如果成绩漂亮，我一定会说："今天公布考试成绩啦！"

整个上午，班级里好像都有暗流在涌动，天空也不如昨天开阔了。大家的暗号变成："嘘，小心火山爆发！"火山爆发是地球内部热能在地表的一种最强烈的显示，其释放需要有个出口——火山口。不知道学校中的"火山口"在哪里，是对我们考试成绩不满意的老师，还是对自己考试成绩不满意的同学呢？

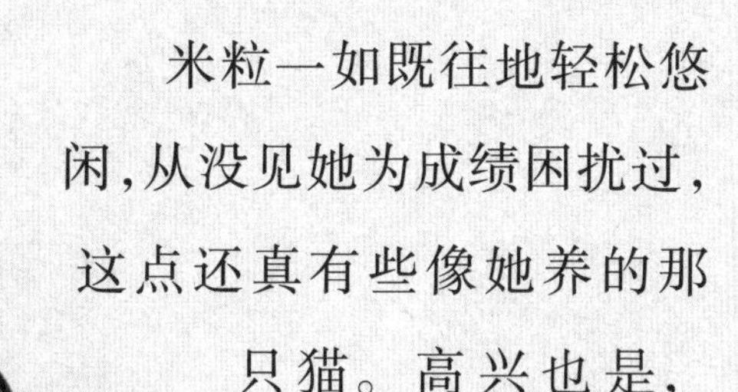

米粒一如既往地轻松悠闲，从没见她为成绩困扰过，这点还真有些像她养的那只猫。高兴也是，很像他养的小豚鼠——小豚鼠几个月之内都不会忘记走过的路，高兴几年都不会忘记自己看过的实验。喏，这会儿高兴又把头埋得低低的。

我走近他的桌子一看，好家伙，有新实验！细数一下，桌上是双面胶、剪刀、刀片、一次性纸杯和吸管。高兴猛一仰头，喝光了饮料瓶里的最后一滴饮料，说：“我要看看火山爆发到底有多大的能量！”

根据我的观察，高兴的实验是这样的。首先在饮料瓶的盖子上钻一个孔，大小正好能让一根吸管穿过。

在钻小孔之前，可以先在盖子上画一个十字，这样打孔可以容易些。然后在一次性纸杯的底部也钻一个同样大小的孔。接着在盖子上贴上双面胶，双面胶要绕过小孔，不能把孔遮住，然后把瓶盖粘在纸杯底部，将它们组合起来，保证两个小孔正好对齐。再把盖子拧回到瓶子上，拧紧。如图。

最后，往纸杯里慢慢倒水。刚开始，有些水渗到底下的塑料瓶中，但是很快就会停止。之后，水几乎都停留在顶部的纸杯里。这简直是个魔术！明明它们之间有个小孔相通，但是水却没有漏下去！这时候，魔术的高潮来了！取一根吸管，用大拇指堵住吸管的一端，另一端缓缓插进纸杯底部的小孔，直到大拇指堵住的一端没入水中，接着放开大拇指。看好啦：水先是从纸杯流到底下的瓶子里，然后又从吸管里凶猛地喷出来！

高兴见我看得不亦乐乎，就不住地往纸杯里灌水，吸管里便不断有水喷出来。我俩商量着可以往水里加些颜色，加些香料，制成带香气的彩色火山。直到米粒过来，“笃笃”地敲了敲高兴的桌子：“漏水啦！漏水啦！”我们回过神一看，天哪，高兴的课桌已经成了一片汪洋，赶快拯救课本作业啊！

科学小贴士

在这个实验中，水会像火山爆发一样从吸管中喷射而出，是因为它受到了来自瓶中的大气压力。说到岩浆为何会从火山口汹涌地不断喷发，其实也是一样的原理。当地底的岩浆逐渐上升到接近地表时，压力也慢慢加大，于是就从火山口猛烈地喷发出来了。

12月1日 星期六
地球也有肾

终于又到了运动日啦，我和高兴他们足足踢了两小时的球。高兴因为中间跑了好几次厕所，被其他同学毫不留情地嘲笑了。高兴一脸认真地解释："这是我新学的一招，通过多喝水多排尿，赶走身体中的毒素。空气污染、汽车尾气、食物残留的农药带给我们身体的负担太重啦！"热情的高兴还号召大家一起加入这个行动。

准备回家时，我意外地在校门口看到妈妈的身影。妈妈是特意来找我的，她说附近新开张了一家农家乐，要带我去体验体验。哈哈，田园清新的空气，我来啦！

农家乐的主人太热情了，不仅带着我们四处参观，还恨不得给我们介绍他的每一只小鸭子、每一株小花。正走着，我瞧见岸边有块用水泥墙围起来的奇特的方形区域，里面是些没见过的植物。农家乐主人好像知道我要问什么，解释说：“那是我亲手建起来的，种了芦苇、蒲草之类根须长的植物，底下是沙子和石头，这些都是用来过滤油污的！”啊呀，谁能想到，这种满植物、水面清澈的区域居然是一个油污过滤池！环保至极！我得好好挑角度拍些照片，回去告诉米粒和高兴这重大发现。

一旁的妈妈连连夸赞农家乐主人除了热心环保外，还极具先见之明。随着农家乐的客人增多，生活污水和餐饮油污也会越来越多，那些泛着油光和泡沫的水会毫不客气地污染环境，早早修建起这个过滤池塘，以防后患。还等什么呢，我要赶快拉农家乐的主人加入“地球之旅”，请他担任我们的顾问！

满以为农家乐主人会一口答应，谁知道他听我说了“地球之旅”小组后，反而要考考我。今天两位队友都不在，我独自应战可不能露怯。农家乐主人说：“我做的这个油污过滤器，自然界里其实有天生具备类似功能的东西，你知道是什么吗？”自然界天生的？我飞快地翻动记忆字典，恨不得钻到脑细胞里去挖一挖。啊，有了！“难道是沼泽？那可是很恐怖的，人在其中会迷路，还会被沼泽吃掉！”“哈哈，不完全。不过沾点儿边了——

是湿地。它就像地球的肾，给我们过滤出干净的水。”说到这儿，我突然想起每天喝很多水的高兴。他说得还真是没错！

因为我的机智和临场发挥，“地球之旅”小组在今天迈出了历史性的一步，多了名誉顾问和活动场地！农家乐主人表示他一万个愿意加入我们，和他的花草、鸡鸭一起加入！

科学小贴士

地球可是属于自愈系的，它有三大生态系统，分别是地球之肺——森林、地球之心——海洋、地球之肾——湿地。可以毫不夸张地说，湿地是一块宝地，其中不仅蕴藏着丰富的资源，提供给人们非常多的农副产品、工业原料，而且让野生动物有了栖息地。除净化水源之外，它还能够净化空气，调节湿度，活脱脱是一个万能侠。

12月7日 星期五
热情好客的洋流

今天，我给“地球之旅”小组的组员讲了一个充满传奇色彩的故事。据说在1992年，有一艘装满小黄鸭的货船从中国出发，开往美国西海岸的塔科马港。船上的小黄鸭就是那种经典的浴盆玩具——萌萌的橡皮鸭，我小时候也有过一打！谁知，货船在途中遇到强风暴，其中一个装着2.9吨玩具的货柜落入海里，裂开了。一瞬间，货柜里的小黄鸭们统统自由啦！它们在海面上起起伏伏，形成了一支庞大的“鸭子舰队”。密密麻麻的小黄鸭随着洋流，在茫茫大海中流浪 。15年后的某天，当那艘货船的船长都已将走失的小黄鸭遗忘的时候，它们却突然现身了，纷纷在英国、美国、日本沿岸登陆！

这 15 年间，没有人知道它们去了哪里、发生了什么，不过我猜想，其中的故事的精彩程度大概会和《爱丽丝梦游仙境》不相上下吧！

故事讲完好一会儿，高兴和米粒都一动不动，看样子思绪仍飘在太平洋上空，似乎想努力寻找小黄鸭浪迹天涯的踪迹。

荷兰艺术家霍夫曼曾经设计过一个巨型的充气艺术品——大黄鸭。虽然这只大黄鸭的设计初衷与我们的小黄鸭漂流记并无确切的关系，但这大、小黄鸭都为人们带去爱和希望，如今那只大黄鸭在世界各地已拥有成千上万的粉丝。

其实在给他俩讲这个故事前，我就已成为那些小鸭的粉丝啦。哈哈，米粒和高兴应该不会反对我自封为粉丝会的会长，

那我就先来做些什么吧！比如，尝试着去了解小黄鸭们那些年在海上经历的事情。真是个不错的主意！

于是我设计了一个小实验。

首先找一个超大号的盘子，比洗脸盆口径大一些的，在里面放满水。我取了些夏天旅游收获的泰国海盐撒在里面，尽量真实地还原海洋成分。接着，我又找出几张黄色手工纸，用打孔机打出十来个洞，把掉下来的圆形纸片全部撒在水里。然后我站在盘子的一边，对着水里的纸片吹气，看看那些纸片会怎么样！

当我卖力地对着水面吹气时，米粒在旁开始了解说。不可否认，她很明白我实验的要点，同时也解说得相当专业。米粒说，朝着水面吹气，让“海水”沿着水平方向运动，会引起风海流，这是最主要的一种洋流形式。小黄鸭能顺利抵达陆地，多亏洋流——特别是那块区域风海流的帮助！

今天实验进行得还算顺利，可以让我们简单了解到小黄鸭历险记的概况，同时也看清了风海流是如何运动的。不过，洋流并非每次都扮演着好朋友的角色。事实上，现在的海洋中有太多垃圾，洋流费力地带着它们四处漂流，原本是想自我消化，却因为垃圾多到不可想象，最终形成五大垃圾海，环境污染把无辜的洋流推到了一个尴尬的位置。

科学小贴士

海洋中的水是在不停运动的，洋流就是海水沿着一定途径大规模流动。寒暖洋流交汇处易形成大型的渔场，从而给沿海居民带来渔获。但洋流有时也会“过分热情”。日本“3·11”大地震被海啸卷入大海的物品，经过两年的流浪，被北太平洋环流送到了美国西海岸时才被发现。加上“五大垃圾海”事件，人们真应该清理一下地球的“血管”啦。如果以后再有小黄鸭事件，那些可怜的小东西最后只能淹没在垃圾堆中。而我们在大海中抛下的漂流瓶，就可能永远都不会被人拾到啦！

12月22日 星期六
比比谁穿得多

今天是12月22日——今年的冬至，这一天，太阳光直射南回归线，而对北半球的照射最倾斜。

冬天的周末，我当然要好好享受被窝里的温暖。没料到，一团毛茸茸的东西这时候冷不丁地出现在我视线里，经过20秒脑内信息对比，结果显示这是高兴。他穿着里三层外三层的衣服，还夸张地戴着围巾帽子口罩。这身行头，让他看起来完全就是只来到温带的北极熊。

在消耗了4.6焦耳的热量后，我终于弄明白了，原来高兴是在组织一个比赛，叫作“瞧瞧谁穿得多”。哦，天哪，世界上居然还有这么奇妙的比赛！

高兴说，所有的生命自诞生起，就要开始适应地球的气候。但人类过度活动造成了不正常的气候变化，已经让其他生命无法适应。高兴的爷爷退休前是一名大学生物教授，昨天，他给高兴讲述了许多关于小动物的故事，这些故事大都是悲伤的，而那些悲伤多数是由人类引起的环境变化所造成的。于是，高兴就突发奇想组织了这场“瞧瞧谁穿得多”比赛，目的是号召大家不开暖气，减少能源消耗！

如此充满使命感的比赛我怎能不加入？我正忙不迭地胡乱套衣服，米粒来了。听了我们的介绍后，这位最爱臭美的组员，

用另一种方式来支持我们——裹彩色毛毯。哈哈，看起来我们像是多了一位异域伙伴。

后来我们在“动弹不得”中告别了冬至，因为实在是穿了太多衣服。米粒建议我们可以好好计划一下，将这项比赛带到街上，变成行为艺术，呼吁更多的人关注气候变化问题。高兴艰难地举起双手表示同意。我呢？我这会儿已经在偷偷落实这件事情啦，打算在“地球之旅”小组成立一周年那天正式行动！

就将这项活动称为“行为艺术之绿色地球”吧，各式夸张的奇装异服的道具草图，都在我的小脑袋里慢慢构思起来啦。

科学小贴士

因使用暖气而造成的环境污染竟然比我想象的大得多。我国现在使用的主要能源依然是煤炭，所以暖气污染基本可以理解为煤炭的污染。而煤炭从开采到变为可用能源的过程中，几乎每个步骤都会造成对环境的损害。开采时会破坏地表植被，造成大面积地表塌陷，水土流失，采矿废水会污染水源，而运输过程中扬起的颗粒会污染大气，特别是在燃烧过程中，更会排放大量的硫化物。这么说起来，煤炭简直“一无是处”啊。但从另一角度看，煤炭依然是地球给予我们的伟大馈赠，在过去的数千年中，因为它的存在，人类的生活被温暖和照亮了。

如何“偷窥”大自然

还记得米粒出品的“科学小超人”相册集引起围观的事吗？更有第二波热潮呢！许多低年级同学想求教其中的“真经”：为什么我们的奇思妙想能像石榴的果实一样密密麻麻？作为团队自封的发言人，我必须出面总结一下。其实这一点儿都不神秘，只要试着去观察大自然。高兴爷爷说，我们每个人都只是一个点，从眼睛出发的观察射线限定了我们生活圈面积的大小。一旦观察半径变长了，生活圈和外头的接触面积也变大了，那些奇思妙想就会像灯光下的小飞虫一样不请自来，甩也甩不掉。

首先，尝试用眼睛去体会生命的变化。比如，在路边遇见一只小鸟，静静地看它的身体线条、尾部形状、脚的模样、起飞的状态。目光可及的形状、颜色、活动时间全都可以成为观察的焦点。用心也用笔记下大自然展现在我们面前的资料，这就是一个完整的观察。

现在，我们对这种小鸟有了初步的印象，一些外观和活动状态已经了然于心，可就是不知道它的名字。别担心，已知的内容会像导盲犬一样，带我们找到它的名字。要是找不到也没有关系，我们至少比以前更熟悉这位动物朋友，不是吗？直到现在，米粒还在称呼我家院子里的优雪苔蛾为“白底红线黑点点蛾子”，大家都无意纠正她，因为总有一天米粒会在百科全书的某一页看到这种苔蛾的学名。那时候她一定已经非常了解优雪苔蛾了，相信优雪苔蛾也更乐于让自己的名字被一个真正懂自己的人所知。

这时候，另一个疑问就出现了：如果我们的日常生

活中没有太多小鸟，也不可能说走就走去野外考察呢？这些小问题是没法儿阻碍我们的！经过高兴的统计，过去一年我们的观察记录中，在“高兴爷爷的别墅后院”中完成的，占所有活动的3%，在“其他城市”进行的占1%，在“其他国家”完成的仅占0.5%，余下几乎所有的观察记录，都是大伙儿在日常生活中进行的。我曾经给琥珀写过整整一册的观察记录：它今天便便的地点和昨天的不一样，它游戏的时间比昨天少了10分钟，我回家的时候它在玄关而不是在客厅里迎接等等。“科学小超人”就是在如此简陋的条件下，积累了厚厚的观察手册和那几本大相册。任何看似不起眼的点，在我们眼里都是一个未知的大世界。将观察变为一种习惯，你就会发觉，生活在城市中也有数不清的生物和现象可以慢慢琢磨。

不过，随着环保意识的增强，与我们一同住在城市的动植物在渐渐变多，我们会有更多伙伴可以观察！当观察成为日常的一部分，你无意中会发现，看腻了的公园似乎变漂亮了，“微观世界之街边花坛”的好戏每天都在上演，生活的内容更丰富。

仔细回想一下上面这些方法，有没有觉得自己像在“偷窥”？没错，爸爸把这解释为“静静地欣赏生物的美好”。他说，他的摄影工作其实也是一种对大自然的“偷窥”，只不过需要通过镜头来完成。啊，可以将“摄影”也加入到我们的记录方法中，真是个不错的主意！现在就开始试试吧！

图书在版编目（CIP）数据

地球转转转 / 肖叶，曹思颉著；杜煜绘. -- 北京：天天出版社，2024.3
（孩子超喜爱的科学日记）
ISBN 978-7-5016-2265-8

Ⅰ.①地… Ⅱ.①肖… ②曹… ③杜… Ⅲ.①地球－
少儿读物 Ⅳ.①P183-49

中国国家版本馆CIP数据核字(2024)第055475号

责任编辑：陈 莎　　**文字编辑**：程笛轩
责任印制：康远超 张 璞　　**美术编辑**：曲 蒙

出版发行：天天出版社有限责任公司
地址：北京市东城区东中街 42 号　　**邮编**：100027
市场部：010-64169902　　**传真**：010-64169902
网址：http://www.tiantianpublishing.com
邮箱：tiantiancbs@163.com

印刷：北京鑫益晖印刷有限公司　　**经销**：全国新华书店等
开本：710×1000 1/16　　**印张**：8.25
版次：2024 年 3 月北京第 1 版　　**印次**：2024 年 3 月第 1 次印刷
字数：78 千字

书号：978-7-5016-2265-8　　**定价**：30.00 元